個人サロンから大ホールまで、人を動かす香りの空間演出

アロマ調香デザインの教科書

一般社団法人プラスアロマ協会代表理事
齋藤智子

BAB JAPAN

はじめに

アロマ調香デザインを楽しみましょう

私がアロマ（精油）にはじめて触れてから25年以上が経ちます。

幼い頃から、なんでもクンクンと匂いを嗅ぎ、香りのついた消しゴムやティッシュなどを集めたり、夏の夕方、雨が降ったあとの匂いが好きだったり……、そんな香り好きな子どもでした。

そして時が経ち、今はアロマ調香デザイナーとして仕事をしています。

京都の家で幼い頃から嗅いでいた「お香の匂い」は、私に、香りに対する親近感を持たせてくれました。しかし、学生時代にベルガモットの精油の香りを嗅いで、「一瞬で気分が変わるアロマってすごい！」と衝撃を受けました。同時に、いつか香りを仕事にしたい、そう思うようになりました。

学生から社会人になり、一般企業勤めでしたが、もともと香りが好き、というところからアロマセラピーを学ぶ中で、「アロマ調香でやっていこう」、そう決めたのは、北海道のオーガニックのラベンダー農家で収穫蒸留をした体験がきっかけでした。農家の方の思い、そして蒸留器や温度管理、抽出方法によって変わる一滴の精油の貴重さ。精油のボトルには、香り、色、成分、産地、収穫年などによって、それぞれ違った個性がぎゅっと詰まっている。それを目の当たりにしたときの感動。

ここにこだわった仕事をしたい、そう思ったことが、今考えると私の人生の大きな転機でした。

「天然の精油の香りを知り、それを使いこなすこと」。

私はここにこだわって皆さんにお伝えしています。

精油を活用するためには、精油の組み合わせだけではなく、精油がもつ芳香成分や、デザイン性、表現力などの知識も必要となります。イメージだけではない、化学的なデータが必要なこともあります。そういったさまざまな角度から、クライアントが希望する香りに近づけていく。それがアロマ調香デザイナーの仕事であり、醍醐味《だいごみ》であると思うのです。

精油を知り、目的にあった香りをつくり、自分ならではの提案をする。そこまでやってはじめて、個人のオリジナルの香りや、企業のブランディングの香り、コンサートやイベントの香りなどで皆様に香りを楽しんでいただけるようになります。

この本は、これまでに調香した６０００ブレンド、また１００以上の法人企業様でのアロマ空間演出などを通して、私が実践してきたアロマ調香と、アロマ空間デザインのメソッドや実例をまとめたものです。

２０１３年から、ＩＡＰＡ一般社団法人プラスアロマ協会で開講しているアロマ調香講座には、全国そして海外からも多くの受講生が学びに来てくださり、卒業後に多方面で活躍されています。

今までアロマに関わってきた中で感じることは、「アロマ調香には終わりがなく、まだまだ大きな魅力や可能性を秘めたもの」だということ。仕事としても、趣味としても、一生かけてでもやりがいや楽しみを感じられるものだと思います。

香りは目に見えないものですが、確実にそこに存在するものです。

空間を彩り、人への記憶として深く寄り添い、時には一生忘れられない香りになることもあるものです。だからこそ「いい香り」をつくりたい。そう思うのです。

そして香りづくりで一番大切な根っこの部分は、「香りを楽しむこと」。たくさん精油を嗅ぎ分けて、いろいろなイメージを膨らませながらひとつの香りを仕上げていく過程を、ぜひ一緒につくっていきましょう。

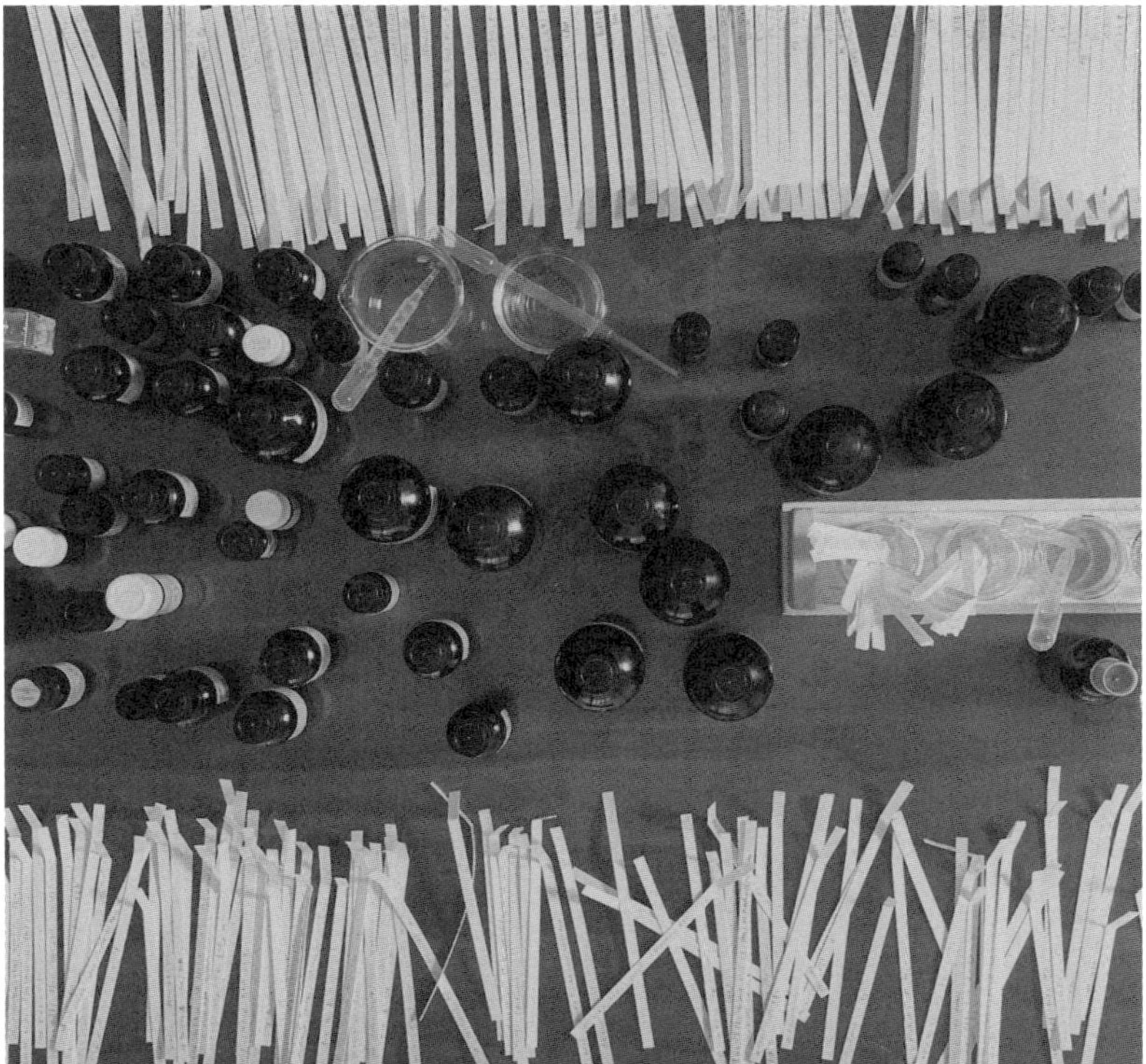

香りを記憶に残すトレーニング「精油 100 本の嗅ぎ分け」（40 ページ）。

目次

アロマ調香デザインの教科書

第3章　アロマ空間演出

第4章　アロマ空間演出の現場から

※本文中の「プラスアロマ」「アロマ調香デザイン」「アロマ調香デザイナー」「アロマ調香スタイリスト」「アロマ調香ノート」「アロマ調香 Lab」は一般社団法人プラスアロマ協会の登録商標です。

第1章

アロマ調香の基本

素材と技術

アロマ調香デザインとは、「天然植物から抽出した精油を、目的やニーズに合わせて選定し、デザイン性と機能性をかけ合わせた、調和のとれた香りをつくること」です。

選ぶ精油の数と組み合わせによって、その香りは無限に広がります。

音楽にたとえられることが多いのですが、ひとつひとつの澄んだ音色が集まったからといって、必ずしも心地よい響きが奏でられるとは限りません。また、調和がとれた重なりだけでも美しい音楽とは呼べません。美しい曲づくりのためには、知識と創造力、それに練習と改善が必要になってきます。

同様に、精油を組み合わせて「香りをつくること」。これにはさまざまな要素があり、それらをうまく組み合わせる必要があります。精油、目的、場所（空間）、時間、季節、使い方、そして使う人。この要素を正しく汲み取って、必要な精油を組み合わせることで、目的にあった香りに寄り添ったものがつくれるようになります。

それではまず最初に、アロマ調香デザインに必要な基本要素についてお話しします。私は、以下のの２つに分類して考えています。

①素材
②技

素材と技、両方かけ合わせることで、さまざまな香りがつくれるようになります。どこに軸を置いて調香を行えばいいかといった、調香のプロセスの判断にも、迷いがなくなります。

また、いきなり「技」と聞くと難しい印象をうけてしまうかもしれませんが、本書では、学術的な研究論文や難解な理論ではなく、「どのようにしたらよい香りがつくれるようになるか」「よい香りづくりには何が大切か」を知ることができるように、「実際に活用できること、実践できること」を念頭において、私が実際に行なっている作業や考え方を交え、できるだけわかりやすくお伝えしていきます。

素材の選び方

まず「素材」についてですが、これはアロマ調香デザインに使う精油のことを指しています。一口に精油といっても、その種類は、日本をはじめ世界中にも数えきれないほどあり、精油との出会いも終わることのない香りの旅であると思います。

この章では、「アロマ調香」に注目をして、香りの組み立てを行うために必要な精油の選定や、そのこだわりポイント、またアロマ空間演出のことなども念頭においての選び方や、皆さんもよく使うラベンダーやグレープフルーツのような一般的な精油と、ユズやヒノキといった最近人気の和精油（日本産精油）などのご紹介も行っていきたいと思います。

精油の選び方にはいろいろな方法があります。その中で、私が大切にしているポイントは２つ「文字の情報」と「香りのもつイメージ」です。

文字の情報

文字どおり、ここはその精油の育った場所、環境、育て方、蒸留方法など精油のラベルに表記されている情報です。ここではラベンダーを例にとって説明します。同じラベンダーというひとつの植物であっても、メーカーごとにラベンダーの香りは異なります。次の点を確認することは精油選びに必要な情報であり、基本となります。

１　植物の種類

たとえば、瓶には以下のように表示されています。

名称：Lavender 真正ラベンダー（メーカーにより表記が異なる場合あります）
学名：*Lavandula angustifolia*
学名は世界共通のため、海外で現地の植物名表記がわからなくても、精油を見つけられ、新しい発見があるでしょう。

2 産地（原産国）

同じラベンダー精油でも産地やメーカーによって値段に違いがあります。

一般的に海外では広い農場で大量生産を行うため、かなり安く生産できることが多いです。また、産地（原産国）によって人件費や流通経費が違うのも理由のひとつです。

3 抽出部位

ラベンダーの場合、一般的には花から精油を抽出しますが、葉や茎にも精油成分は含まれているので、全草を蒸留釜に入れ、たくさんの量を取り出す場合もあります。花は香りが甘く濃い香りですが、茎や葉には渋みがあるため、このブレンド比率と抽出方法によって精油の香りも変化します。

同じ種類の真正ラベンダーでも、メーカーごとに違う値段や違う香りになるのはこのためです。

4 オーガニック表記など

現在の日本では、多数のメーカー、ブランドの精油が手に入り、「オーガニック・最高品質」などの文言を目にすることがあります。しかし世界各国で「オーガニック」の認定機関も基準も多岐にわたるため、その文言だけでは、名実ともに良質な精油なのかを判断するのは難しいといえます。

そこで大切になってくるのは、自分の目や鼻を鍛えて経験値を上げることです。

実際に私たちが手に取れる（取りやすい）精油（エッセンシャルオイル）は、香料、アロマオイル、フレグランスオイル、ポプリオイル、などさまざまな呼び名があります。日本では、精油は「雑貨」に分類されますが、一般的な名前だけでは天然の植物から得たものなのか、合成香料としてつくられているのか、また両方が混ざっているものなのか、という見分けがつきにくいため、精油を購入するときには、それがどういったものなのか？　どの分類に該当するのか？　ということを確認することも非常に大切なことです。

香りのもつイメージ

文字の情報を確認したら、実際に自分で嗅いで確認します。

目を閉じて、香りを嗅ぐことだけに集中してみてください。その香りは、生き生きとした天然植物がイメージできるでしょうか？　酸化した匂いに変化していないでしょうか？

匂いを嗅ぎ分ける経験値が増えていくと、香りを嗅いだときにその精油の保管状態までも想像できるようになるかもしれません。

いずれにしても、実際に自分で嗅ぐ、というのは、とても大切なアクションです。

たとえば、わたしが使っている精油のひとつに、あるイギリスの精油メーカーがあります。私がこのメーカーの精油を使う理由はシンプルです。オーガニック認定ということだけでなく、精油自体が非常にフレッシュで、植物が本来持っている力強さをも感じられるからです。

今でも思い出しますが、このメーカーの

さまざまなメーカーのラベンダー精油。香りもそれぞれ違う。

２０１６、２０１７年のネロリはとりわけよい香りでした。ネロリの香りは爽やかでフローラル系の甘さと柑橘系の明るさと少し青みを感じる香りです。少し緊張している場合や、疲れきった身体をゆっくりお風呂でゆるめたい、そんな心のサポートが得意で、性別問わず人気があります。

当時はその精油をストック用に多めに購入しましたが、このように「よい香り」との出会いは、アロマ調香デザイナーとして、とても貴重な機会です。

精油は天然の植物から抽出されていますので、ワインと同じように「当たり年」というのが存在します。毎年、各精油メーカーの精油が届いて、嗅ぎ比べをするのも私の楽しみのひとつです。

精油の質にこだわる一方で、費用のことも考える必要があります。

個人や自宅サロンなどで使用する５㎖、10㎖の量で足りる場合と、アロマ空間演出のように、使用する精油量が１００㎖、１０００㎖あるいはそれ以上の量になってくると、当然精油にかかる費用が多くなります。案件によってはブレンドオイルを数十ℓ単位で準備することも珍しくありません。

このような場合は、クライアントにもご理解いただき、必要な予算を設けていただけるように説明、交渉をする必要がありますが、この仕事を始めた当初は予算と原価のバラン

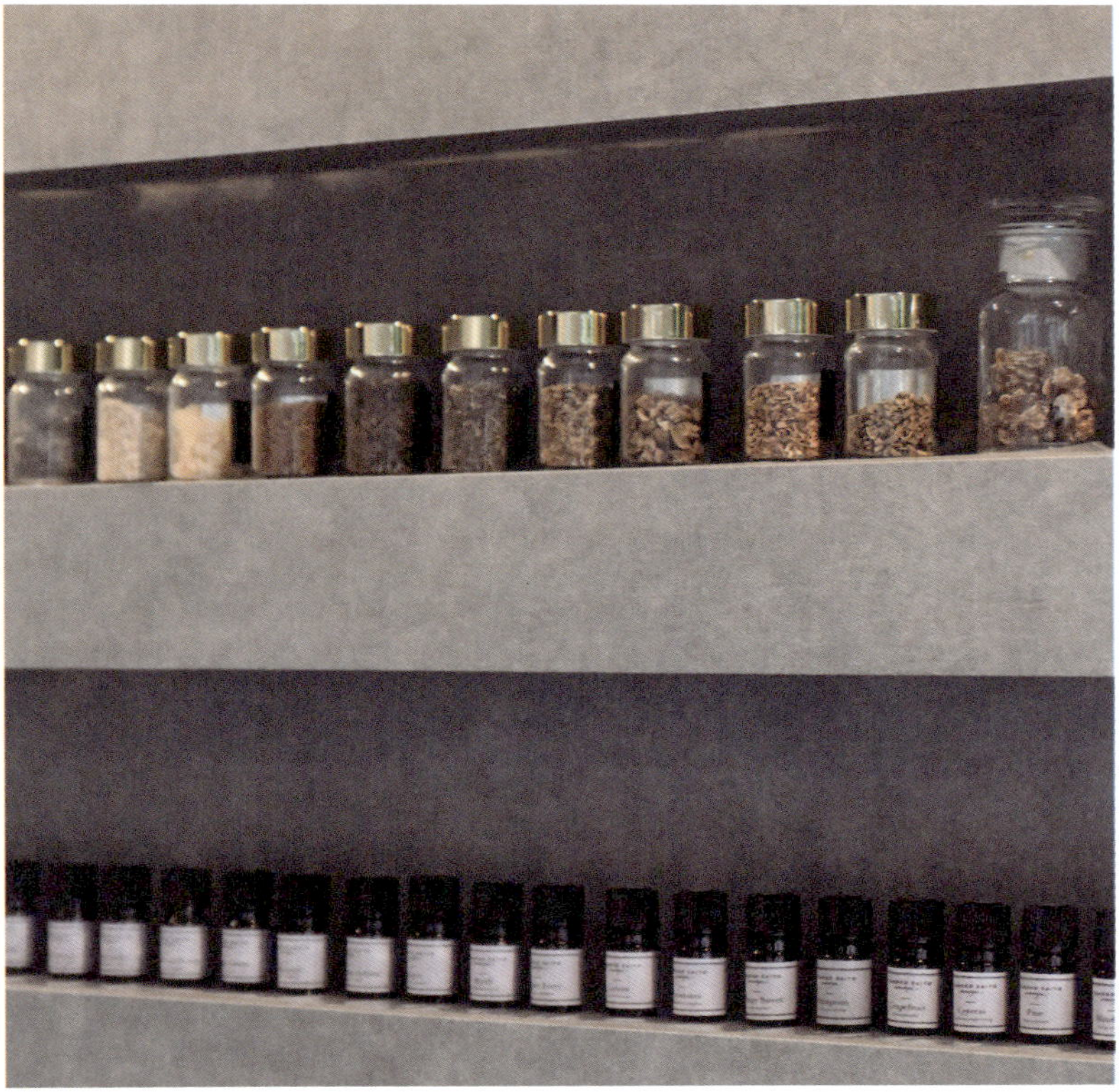
アトリエにあるオリジナルの精油棚

スが合わず、頭を悩ませるということもたびたびありました。

予算どおりに精油を選べば、香りの質が落ちる。香りの質を優先すれば、予算を超過してしまう。私自身もこの点は本当に悩み、苦労した点でもあります。

そんな中、私が出した答えは、「プロとして、納得できる香りであるか?」という点です。香りを使ったプロジェクトを展開してくださる責任者、そのアロマ空間を訪れる方たちなどへ香りを伝えたいという思いから、プロの意地で、私自身が動くこと、つくること、運ぶことで予算面を補うことや、その価値をお伝えするためにエビデンスを調べるなど、試行錯誤を繰り返してきました。

このような経験を経て、アロマ調香デザイナーとして、本当にこの仕事を長続きさせるために必要なもの、それが「価格の面で使いやすく、香りの品質でも妥協しない精油」を準備することだと思うようになりました。それから、海外の精油商社との話し合いをスタートすることになりました。

当然これも簡単に進むわけではなく、総代理店の契約の問題、価格交渉など思うように進まなかったり、調整に予想より長い時間がかかりました。それでもヨーロッパで行ったアロマ空間演出、現地メディアの評価を見ていただいたり、多くの方のサポートがあったりしたことなどで、私が選んだ精油を販売できる契約まで進むことができました。

フランス国家医療安全衛生庁（ANSM）が提供するGMP認証などを取得している
精油を主とし、またイギリスや日本の各蒸留所と直接取り引きした精油をセレクト。
＊ GMP 認証・・・RMPU（原材料薬学的使用）のための認証制度

アロマ調香の「技」

「技」について、私は、よい香りをつくるための精油のブレンドのルール、またアロマ調香の手順となるような「公式」のようなものと考えています。

アロマ調香　基本の3つのポイント

①香調（ノート）と強さ
②香りの系統と相性
③精油の化学・機能性

アロマ調香　7つのプラスα

・調香は夜ではなく、鼻が利く朝に行う。
・調香のレシピ化を行う際は、ビーカーではなく口が広がっている形を使う
・香りの確認はムエット（試香紙）を使う
・基本的にブレンドの手順は、ベース→ミドル→トップ の順番に行う
・精油は少量ずつ追加する
・香りの変化の確認をする

・ブレンドした香りへの客観指標をもつ

この基本の3つのポイント、そしてプラスαの7つのポイントに気をつけていくと、香りづくりを楽しみながら上達することができます。

「技」の部分となる経験の積み重ねは、ブレンドした香りの予想ができるようになる、という点でも大きな役割を果たしてくれます。

たとえば、香りの予想にはこのようなパターンがあります。

①A＋B＝C
もとの素材の香りとは違い、ブレンドした結果による新しい香り

②A＋B＝AB
もとの素材同士が組み合わさった、ミックスされた香り

③A＋B＝ABC
もとの素材の香りと、素材を組み合わせた結果誕生する、新たな香り

この基本的な考え方から精油の数を増やして、

1 精油A、精油B、精油C……とブレンドしていく場合の香りの変化

２ブレンドした直後、30分後、６時間後……と時間の経過による香りの変化など、「組み合わせパターン×香りの変化」が基本的な考え方になります。

私自身、かつて、セラピストの年間コースやアロマブレンドの講座、書籍などで、学びを深めていた頃、もちろんその中で、これまでに知らない多くの知識を得ることができました。ですが、そのときに「よい香りがつくれるか？」と問いかけられたとしたら、当時の私は「ＹＥＳ」と素直にいうことはできなかったはずです。それは数少ないブレンドの書籍やセミナーなど、人から聞いたり、見たりしたレシピには似ているものが多く、それ以上のブレンドが書かれているものも、開示されたレシピも、あまりのっていなかったのです。なので、このあとはどうやったらうまくなれるのかもわかりませんでした。つまりアロマでの香りづくりに自信がなかったのです。

ですが、「アロマで香りをつくることを仕事にしたい」そう思ったことがきっかけで、毎日アロマブレンドを行うようにしました。ノートに書き留め、ＳＮＳにも投稿するようになり、実際に仕事としてつくった香りものせています。それが積み重なり、今では６０００ブレンドを超える数になりました。

また、私が代表を務める一般社団法人プラスアロマ協会では、勉強としての座学だけでなく、実技と、学んだことを実行することを大切にしています。

「百聞は一見に如《し》かず」という言葉はご存知だと思いますが、これには続きがあって「百

精油のノート

トップ ノート	つけたとき～１時間、香りが持続します。柑橘類やグリーンノートなど軽いフレッシュな香りが多くなっています。最初に香るため、第一印象をつける香り。	オレンジスイート、グレープフルーツ、シトロネラ、スペアミント、レモン、ペパーミント、マンダリン、ベルガモット、ユズ、イヨカン、ハッカ	30～50%
トップ ミドル ノート	トップとミドル両方の特徴をもつ香りです。	ローズマリー、ティートリー、ユーカリ、レモンユーカリ、レモングラス、ラヴィンツァラ、メイチャン、ブラックペッパー	10～30%
ミドル ノート	１～４、５時間香りが持続します。ハートと呼ばれ、ブレンドの中心的役割となります。全体のバランスをとるバランサーの役目にもなる香りが多いです。	パルマローザ、クラリセージ、サイプレス、ジュニパー、パイン、プチグレン、スイートマジョラム、ラベンダー、カルダモン、タイム、フェンネル、ローレル、ホーウッド、ブラックスプルース、ヒノキ、クロモジ、ホウショウ、モミ	10～30%
ミドル ベース ノート	ミドルとベース両方の特徴をもつ香りです。	ネロリ、ジャスミン、ゼラニウム、イランイラン、ローズオットー、メリッサ、カモミール・ローマン、カモミール・ジャーマン、フランキンセンス、クローブ、ジンジャー	10～20%
ベース ノート	４時間～数日、香りが持続します。深い香りは全体を包み込み、ブレンドをまとめてくれる役割があります。鎮静やリラックスなど感情や精神的な部分に働きかける香りです。	サンダルウッド、シダーウッド、パチュリ、ベチバー、ベンゾイン、ミルラ	5～20%

見は一考に如かず、百考は一行に如かず、百行は一果にしかず」と続きます。この言葉のとおり、実践や経験に勝るものはない、そして見るだけでなく、考えることが大切である。そして考えるだけでなく、行動するべきである。最後の、百行は一果にしかず、は、行動するだけでなく、成果を出さないと意味がない、ということになります。

つまり、聞いて、見て、考え、行動し、最後に成果を出すということが大切である、という考え方です。

今は、ネット社会で情報や広告はあふれています。しかしながら、このアロマ調香においては、これまでそれをひとつのノウハウとして落とし込まれ、現場のアロマセラピストに役立つ情報として伝えられているかというと、まだなかなかそこまでは至っていないように感じます。ぜひ実際に、見て、嗅いで、考えて、つくってみる。その繰り返しを行ってみてください。

アロマ調香スタイリスト講座では、「精油100本の嗅ぎ分け」と題し、多くの精油を嗅いでいきます。（5ページの写真）おそらく、「香りをつくる」というアロマブレンド分野の講座としての実技の量は、ほかには類を見ないのではないかと思います。

なぜこの時間を大切にしているかというと、「香りの確認をする」「香りの情報を整理する」、そして「香りを言葉で表現する」という意識を持てるようになるからです。その結果、自分の中で香りをマッピングすることができ、たとえば軽い、重い、あたたかい、涼しいなど、精油をより豊かにイメージできるようになるからです。

アロマ調香は、ピアノを練習していくプロセスと、とても類似する点があります。私も3歳から20歳までピアノを習っていましたが、ピアノは88鍵ひとつひとつの音を、正確に聴き分けることから始まります。それがあってはじめて複数の音を重ねる和音を聞き取れるようになります。精油ひとつひとつの香りを嗅いで、記憶することと同じですね。これがあるからこそ、複数の精油を組み合わせたときに、和音のように、ブレンドの香りを理解することができるということになるのだと実感します。

また、香りはトップ↓ミドル↓ベースと精油が揮発し、変化していきます。ピアノもひとつひとつの音をつないで、曲ができ上がっていきます。

曲が弾けるようになったら、自分の音を聞いて自分と他者からのフィードバックを得るように、香りも自分の香りを他者からのフィードバックを得ることで、客観性を育むことができます。

1日弾かないと指は動かなくなります。同じように、香りづくりは日々の積み重ねがあって磨かれていく技術です。

それで私自身、「365日のアロマ」という名前をつけて、毎日の日課としてアロマ調香を重ねてきました。そういうことから、やはり「実技・実践」を大切にしたい、それを皆さんにお伝えして、香りをつくる楽しみを知っていただきたいと思うのです。

香りの組み立て3つのポイント

①ノート（香調）と強さ

「ノート」とは音符／香調のことで、19世紀にヨーロッパで活躍した調香師セプティマス・ピエッスが香りを音になぞらえて考案したたいい方です。実際には時代的な背景、香料の均一化がされていないため、古い文献には、現在私たちが手にする精油の分類とは異なるものも多いのですが（たとえばトップノートにジャスミン、ガルバナムなど）、当時としてはユニークな方法だったようです。

このノートは、純粋な精油の特徴である「揮発」という性質を使った分け方です。揮発する速さ（時間）は精油ごとに異なります。この揮発する速さをノート、という言葉で表現をしています。これを5段階に分けたものが25ページの精油のノートの表です。

このノートを意識して、バランスよくブレンドすると精油の香りもよくなり、長続きします。たとえばトップノートの香りばかり選んでしまった場合、爽やかで躍動感がある香りができますが、すぐに香りがなくなってしまいます。逆に、ベースノートの精油ばかりをブレンドすると、大人っぽい落ち着いた香りにはなりますが、香り立ちが悪く、香りもなかなか広がらず、重たい印象になります。

香りの印象は最初のトップノートからミドルノートで、どれだけオリジナリティや印象を与えることができるかが判断の決め手となるといわれています。

表には、主な精油名、ブレンドの割合も記しましたので、参考になさってください。

②香りの系統と相性

香りの系統は次ページの表のように主に7つに分かれます。

ハーブ系、柑橘系、フローラル系、オリエンタル系、樹脂系、スパイス系、ウッド系です。各系統にはたくさんの香りが含まれます。

「アコード」という言葉は協和音を表し、2つ以上の芳香物質が調和のとれたブレンドになっているものをいいます。同じグループではこのアコードが取れやすいですし、別のグループでも、たとえば隣り合ったグループは相性がよいとされています。また、個性が違うものをあえてブレンドするのも、重さやしつこさを和らげることがありますので、ぜひ試してみてください。

例）オレンジスイート＋ゼラニウム＋ローズ＋サンダルウッドに、ペパーミントはじめのうちは、どうしても自分が得意とする系統や、植物を選びがちです。ここはどんどん実際にブレンドを行いながら、香りを感じてみてください。

③精油の化学・機能性

精油は香料の中のひとつです。天然の植物から得られたもので、その生育状況や天候などによって、同じ畑の植物でも毎年多少の違いが見られます。

精油は植物の生命維持、種族保存をするために、重要な役割を果たしていますが、精油は多くの化学成分から構成されていて、その成分の違いが香りや精油の特徴となります（60ページ。精油成分一覧表）。すべてが解明されているわけではありませんが、それぞれの作用を理解して、精油の選択、組み合わせを行うことで、より目的にあったブレンドオイルをつくることができるようになります（詳しくは第2章参照）。

香料について

アロマセラピーという言葉は、アロマ＋セラピー＝芳香療法ですが、一口に香りといってもさまざまあり、ここでいう香りとは「天然の植物」の力を活用したもの、という意味です。それでは香料について確認しておきましょう。

香りの系統

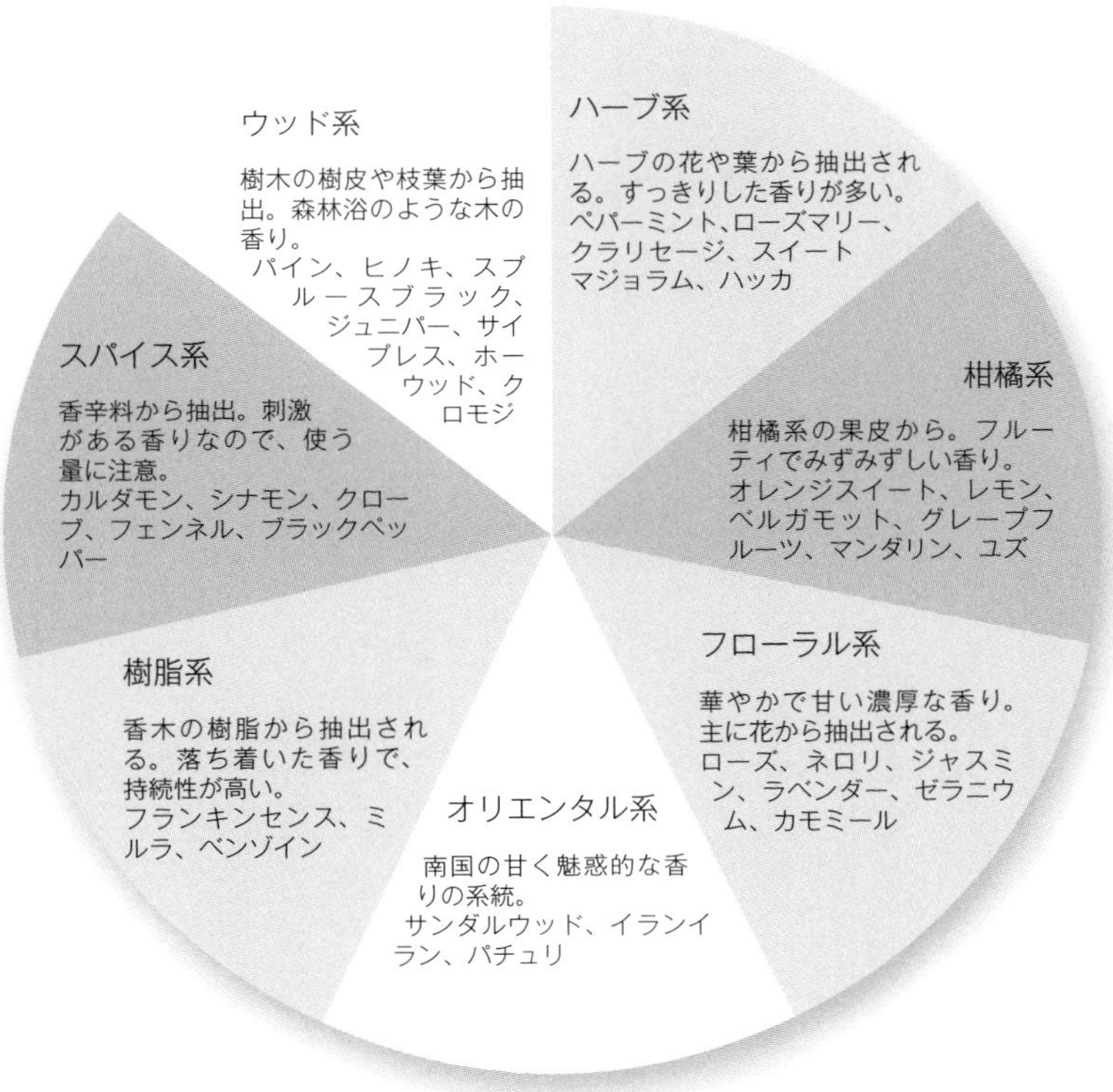
ハーブ系
ハーブの花や葉から抽出される。すっきりした香りが多い。
ペパーミント、ローズマリー、クラリセージ、スイートマジョラム、ハッカ
柑橘系
柑橘系の果皮から。フルーティでみずみずしい香り。
オレンジスイート、レモン、ベルガモット、グレープフルーツ、マンダリン、ユズ
フローラル系
華やかで甘い濃厚な香り。主に花から抽出される。
ローズ、ネロリ、ジャスミン、ラベンダー、ゼラニウム、カモミール
オリエンタル系
南国の甘く魅惑的な香りの系統。
サンダルウッド、イランイラン、パチュリ
樹脂系
香木の樹脂から抽出される。落ち着いた香りで、持続性が高い。
フランキンセンス、ミルラ、ベンゾイン
スパイス系
香辛料から抽出。刺激がある香りなので、使う量に注意。
カルダモン、シナモン、クローブ、フェンネル、ブラックペッパー
ウッド系
樹木の樹皮や枝葉から抽出。森林浴のような木の香り。
パイン、ヒノキ、スプルースブラック、ジュニパー、サイプレス、ホーウッド、クロモジ

香料は天然香料と合成香料に分類されます。ちなみに香料は用途によって分類され、飲食に用いる食品香料（フレーバー）と、経口的に摂取しない香粧品香料（フレグランス）に分けられます。この香粧品香料が、ここでの「香料」です。

【天然香料】

自然界にある天然の植物や動物から採取される香料です。原料に含まれる香り成分は、水蒸気蒸留や抽出、浸出、圧搾などの方法によって取り出すことができます。現在知られている天然香料は約１５００種、調香に使われているのは１５０種くらいです。

天然香料はさまざまな成分が混ざり合ってできています。たとえば、低温でも揮発して、香りとして認識しやすい成分。一方、なかなか揮発しない、あるいはほとんど揮発しないので、香りとして認識にしにくい成分もあります。

１植物性香料

アロマセラピーで使う精油はここのカテゴリーに含まれます。

植物の花やつぼみ、果実、枝葉、幹、樹皮、種子、根茎などから部位別に抽出したり、植物全体から香りを抽出したりします。同じ1本の植物から採取した天然香料でも、その部位によって芳香成分の種類や質、量は変わります。

1種類の植物には数百もの芳香成分が含まれていて、それぞれが重なり合って、複雑かつまろやかな香りを形づくっています。

たとえばローズの芳香成分は500種類以上ともいわれていますが、そのうち成分が判明しているのは200種類ほどともいわれています。何だかはっきりとわからない300種類の芳香成分が少しずつ含まれることで、あの複雑かつ芳醇な香りをつくっているのだと思うと、あらためて植物の奥深さを感じます。

2動物性香料

動物性香料は動物の分泌物などから抽出したものです。保留効果としても重要な香りです。主なものは次の4種ですが、いずれも「絶滅のおそれのある野生動植物の種の国際取引に関する条約（ワシントン条約）」により保護されている動物から採取される、たいへん貴重なものです。そのため、現在、出回っているこれらの香りは、化学合成されたものがほとんどと考えられます。

代表的な動物性香料

・麝香《じゃこう》（musk）　ジャコウジカの雄の生殖腺のうを切りとって乾燥したもの

・霊猫香《れいびょうこう》（civet）　ジャコウネコの尾部にある一対の分泌腺のうからかき出したペースト

状の物質
・海狸香《かいりこう》（castoreum）　ビーバーの生殖腺に沿ってある一対の分泌腺のうを切り取って乾燥したもの
・竜涎香《りゅうぜんこう》（ambergris）　マッコウクジラの腸内にできた病的結石

【合成香料】

20世紀に入って香りを求める人が増えてくると、天然香料だけでは需要をまかないきれなくなり、有機化学の発達に伴い、天然香料に含まれる芳香成分の合成が試され、合成香料の研究が進みました。

合成香料には、単離香料と呼ばれるものと、石油や石炭などの天然資源や、単離香料を原料に合成された合成香料の２つに分けられます。両方合わせて約５０００種あるといわれ（２０１２年現在）、それらのうち５００～６００種ほどが世界的な規模で取り引きされていて、さまざまな香りづくりに用いられます。

1 単離香料

天然香料と合成香料の中間に位置づけられるものです。天然精油の中に比較的多く存在する芳香成分のうち、目的とする単一成分を取り出したもので、由来原料から考えると天然香料ともいえますが、物理的・化学的処理を行うため合成香料に分類されます。

2 調合香料

天然香料、合成香料といった香料やベース（スペシャリティ）香料を用いて配合し、目的とする香りにブレンドされた香料を、調合香料と呼びます。

この天然香料の中の植物性香料、つまり植物から抽出されるのが、アロマセラピーで使われる「精油」というものになります。精油を使ったアロマセラピーは芳香療法であるため、アロマブレンドを行う際にも、精油の芳香成分に含まれる化学成分や作用についても考える必要があります（62ページ。精油の作用と主な働き）。

植物にとって化学成分は、生存・生命維持などのために重要な役割を果たしています。精油の化学成分を知ることで、より的確な補完療法として、私たちの心身に役立つ香りの選び方ができるようになります。

第2章
香りのデザイン

香りのデザイン性と機能性

最近、「デザインシンキング」という言葉を聞くことがあると思います。デザインシンキングとは、デザインに必要な思考方法と手法を利用して、ビジネス上の問題を解決するための考え方です。

これはアロマ調香デザインにも当てはめて考えることができます。これからは作り手側、企業側の目線で「モノ」をつくるのではなく、クライアントの視点に立ち、目に見えるモノだけではなく「目に見えないコト」＝「体験をつくる」ことが非常に大切になってくるためです。

香りという目には見えないけれど、新たな感覚や芳香成分がもつ力を使って、「人」に訴えかけるもの、感じるものを伝えたい。その気持ちで香りをデザインしています。

香りのデザイン化（設計）には、大きく分けると「デザイン性」と「機能性」という考え方が必要です。

デザイン性とは、イメージ、創造性のことです。目に見えない香りをどのように表現するのか。「香りの可視化」、これはここ数年、常に意識していることでもあります。

たとえば、旅先の風景、建物、美術館、食事、人々。それを見て、聞いて感じたときに、どんな香りがイメージに合うのか。またどんな香りが浮かんでくるのか。それを、私たちはどのように表現すると伝わるのか。常にアンテナを張り、感性を磨いておきたいものです。このような体験の積み重ねは、アロマ調香デザイナーとして、また香りをつくる中で、とても大切になります。

香りのデザイン性を高める

アロマ調香デザインは、

①精油を表現すること

②精油を組み立てること

③目的にあわせた香りをつくること

これらが軸になり、完成するメソッドです。

私が大切にしていることで、ぜひ皆さんにお伝えしたいのが、「自分の香りの辞書をつくる」ということです。精油を嗅いでその精油を感じ、表現することから始めます。

オレンジスイートとレモンの香りを嗅いで、その違いをどう感じましたか？　匂い、色、気分はどうですか？

精油を確認したら、次はそれを知識、感性、言葉などさまざまな要素で書き連ねていきます。

これらが軸となり、完成するメソッドです。

精油を表現する

精油を知ることは、アロマ調香デザイナーとして、アロマセラピストとして、また、精油を取り扱うプロとして、とても大切な土台だと考えています。そのため、IAPA認定アロマ調香スタイリスト講座では、「100本の嗅ぎ分け」として、可能な限り多くの香りを嗅いで、自分の経験と記憶に残していくトレーニングを行っています。そしてこの作業のときに、大切だとお伝えしているのが、「言葉にする」ということです。

香りは目に見えないものです。ほかの誰かにその香りを伝えていくためには、言葉で伝えること。これが大切になります。自分で嗅いで感じた精油を自分自身の言葉に置き換えていきます。キーワードや形容詞、色や形での表現も加えていきます。

このように、インプットした香りを言葉にしてアウトプットすることで、自分の中の「香りの辞書」もどんどん増えていきます。

また、常に香りや言葉のアンテナを張っていることで、自分の中にある〝いつもの香り〟だけでなく、別の香りとの出会いも増え、その感覚と感性が大切な財産になります。その結果、アロマ調香をする際に、最適な精油を選ぶことができるようになるのです。

さらに、プロとしてできなければならないのは、「再現する」ということです。目標とする「香り」を、自分の中の辞書、精油の知識、香り、機能性などから考えてつくります。これは画家の卵が、有名画家の絵を模写してさまざまな技術、技法を学ぶように、アロマ調香デザイナーとしての研究をするということです。さまざまな精油や、表現の方法を学ぶことができますし、またそこからイメージを膨らませて「私だったらこういうのもいいと思う」という香りづくりをつくっていきます。

これを繰り返すことで、同じ香りを再現する（前述のとおり、精油は同じ畑の香りでも毎年変わるということがあります）ことができるという技術の向上につながります。また、その香りをつくり、「第三者からの評価」というフィードバックをもらうことも大切です。自信やプロ意識の向上にもつながります。

巻末にある「精油のプロフィール」に、調香によく使用する精油をまとめました。「カラー」「キーワード、イメージ、香りの印象」という枠には、皆さんが香りを嗅いで感じたイメージカラーや、印象などを記載していけるように空欄にしてあります。ここに言葉が増えていくことで、皆さん自身の香りの辞書が増えていくことになります。

匂い、香りの表現を磨く

「匂い」には、いい香りもくさい臭いもありますが、この匂いの分子は、世の中に数十万種類あるともいわれています。

少し専門的な話をすると、この多種多様な匂いの分子は、鼻の嗅上皮に出ている約350種類ほどの嗅覚受容体で感知されます。ひとつの匂いの分子が複数の受容体を活性化し、その組み合わせの違いで、別の香りに感じられるのです。匂いがさまざまなのはこのためです。そして、この嗅覚受容体が感知した匂いの信号は、大脳辺縁系に伝わり、感情や記憶に働きかけ、私たちに喜びや心地よさをもたらしてくれます。

「香りという無限の組み合わせを感じる嗅覚というものは、動物をそれ自体で喜ばすものである」。これは科学の父とも呼ばれるレオナルド・ダ・ヴィンチの言葉です。

科学が全く進歩していなかった時代の言葉とは思えないほど、匂いのメカニズムが適確に表現されていることに驚きます。

また、「香りの質」や、「香りの強さ」もあり、この部分も人によって受け取る感覚の違いがあります。先に書いたように、香りは感情や記憶とつながっている、とはよくいわれますが、香りを嗅ぐことで感じる、さまざまな心理的な感覚が人それぞれにあります。この感覚を共通の感覚として表現することはなかなか難しく、言葉を使って香りのコミュニケーションをとるのは至難の業である、とあります。

では、どうやって香りを伝えていけばいいでしょうか。それには私自身も、日々実践していることがあります。「言葉にする練習」を重ねることです。

365日のアロマ

エルメスの元専属調香師として有名な、ジャン=クロード・エレナが著書で、「調香師は文筆家である」と述べているくだりがあります。私も「言葉にする」ということにこだわり、表現、伝え方だけではなく、受講生にも「香りをつくるプロとして大切なこと」として常に伝えています。匂い立つような文章を書きたい。常にそんなことを心がけています。

それでは実際に私が普段書いている「365日のアロマ」を少しご紹介させていただきます（44～47ページ）。この「365日のアロマ」は、アロマブレンドレシピを、写真や言葉のイメージから紡いでいる私のライフワークのようなもので、レシピノートや、インスタグラムなどにかれこれ10年以上書き溜めているものです。

「TOKYO」23:00 winter

空気が澄んだ冬の夜。
ジャズライブの余韻に浸りたくて、
ほんの少しだけバーに寄り道。
1人でお酒を飲むのはいつぶりだろう。
久しぶりの私時間。

スマートな印象のトップノートから、
甘く柔らかな雰囲気へ。
大人の女性にぴったりの上質な香りです。

lemon　bergamot　eucalyptusradiata　rose　lavender　geranium　cederwood
pachuli

「涼やかに」

大徳寺《だいとくじ》塔頭《たっちゅう》のひとつ高桐院《こうとういん》。
とても好きなお寺です。
門の前の美しい参道。夕方の人が少なくなったときに撮った一枚。
うだるような暑さや蝉《せみ》の鳴き声も一瞬聞こえなくなって
心がシーンとする。

今朝はそんな涼やかな凛とした
京都をイメージした香りで。

yuzu　mandarin　rosemary1.8cineol　sugi　sandalwood　vetiver

柚子と北山杉の香りを使って。
緑と土の、媚びない雰囲気で。

読者の方から、「文章から香りが漂ってくるようです」「私もこういう香りをつくりたいです」「このブレンドをつくってみました」など、メッセージをいただくことも多いのですが、見えない香りをできるだけ伝えたいという思いと、私自身の香りづくりのトレーニングとしても、毎日のように更新しています。だんだんと写真や言葉にすることに慣れてくると、香りの表現の幅が広がることにもつながりますのでおすすめです。

「新緑の風のような爽やかさ」「南国の花々の熟れた香りが漂う」「艶のあるバーカウンターにぴったりの」など、さまざまな言葉を組み合わせて香りを表現することで、目の前にあるかのようなイメージを伝えることは十分可能です。

講座でも、ここの部分は丁寧に、またかなり力を入れてお伝えしています。精油のプロフィールのところで、キーワードなどを記載するのはそのためです。

実際に、先ほどのジャン＝クロード・エレナもそうでしたが、香りのプロである調香師は、香りの感覚的な記憶ともに、連想する言語を記憶することで、香りの記憶が顕在化できるとしてメモを活用しているそうです。だからこそ、何百種類もの匂いを記憶するために彼らが用いる言語は豊富で、豊富な言語を操れるほど、微妙な香りを識別できるようになるともいわれています。
香りを表現する、香りを伝えるための言語、言葉の力は本当に大きいのです。

香りの表現の磨き方3ポイント

①香りを言葉で表す習慣をつける。

まずは自分が持っている言葉で表現してみましょう。さらに、ひとつの香りをできるだけ多くの言葉を使って表現をしてみましょう。

例：「トマトの匂い」という表現には、多くの感覚が含まれます。たとえば、青臭い、甘い、フレッシュ感、熟れ具合、みずみずしさなど、どのように感じたか、できるだけ多くの言葉を用いて表現をします。モノだけではなく、風景や色、感情などさまざまなものを言葉にしていくと、語彙や表現のトレーニングになります。

②言葉から香りを想起してみる

自分であげたさまざまな言葉、表現から、その対象がどのような香りなのかを思い浮かべていきます。

例：「青空の下、真っ赤に色づいているみずみずしいトマト」という言葉から、どんな香りを感じられるか、または感じたように考えます。同じようにさまざまな言葉を用いた空間、モノ、感情などを香りに変換してみましょう。

③意思の疎通ができる言葉を使って表現をする。

香りを表現するときに用いる言葉は、一般の人や専門家それぞれが用いる一定の共通の言語を使います。

●一般的な表現

感覚表現＝明るい、赤い、あたたかい、冷たい、柔らかいなど。
感情表現＝好き、嫌い、落ち着く、興奮するなど
印象表現＝上質な、素朴な、官能的な、上品な、など。
物理化学的表現＝広がりのある、濃い、アルコール臭など。

●香料業界で用いる専門用語

①シトラス：柑橘の香り。新鮮で爽やかな香り
②フルーティ：果実を思わせるような香り
③グリーン：草や緑の葉を思わせる青っぽい香り

④ハーバル：薬草を思わせる香り
⑤ミンティー：フレッシュで清涼感を与える香り
⑥ウッディ：木の香り、木のぬくもりを思わす香り
⑦アロマティク：香草を思わせる香り
⑧スパイシー：刺激的な香辛料を思わす香り
⑨フローラル：甘く華やかな花様の香り
⑩アルデヒド：油っぽくて花様の香り
⑪アーシィ：土のような匂い
⑫モッシィ：苔のような匂い
⑬バルサミック：甘く柔らかなあたたか味のある香り
⑭ハニー：ハチミツのような様の香り
⑮レザー：スモーク様でタバコのような匂い
⑯アニマリック：獣臭だが薄めるとあたたか味がある匂い
⑰アンバー：甘く重厚な香り

●香水専門用語

①シプレ：香料素材（ベルガモット＋ローズ＋ジャスミン＋ウッディ＋モス＋アンバー）

②フゼア：香料素材（ベルガモット＋リナロール＋ゼラニウム＋ウッデイ＋モス＋クマリン）

③オリエンタル：香料素材（ベルガモット＋バルサム＋バニラ＋アニマル＋ウッディ）

香りとカラー

もうひとつ、わたしの中で香りの表現を考えるときに大切にしているのが、「色」でのイメージづくりです。その香りを色で表現する、ということです。

たとえば、ラベンターは紫、オレンジスイートはオレンジ、ユーカリは淡い黄緑から緑へ、というように、植物が本来持っている色であったり、香りのイメージから考える色であったりと、両方向から表現する場合があります。色やそこからイメージされるキーワードは、香りのコンセプトをまとめたり、クライアントに伝えたりする際に役立ちます。

ここで、皆さんにも色から思い起こされるキーワードと香りをリストにしていただこうと思います。

①55ページに、色のみが書かれている表があります。その前のページの、八角形で示された色を見ながら、思いつくままに言葉を「キーワード」の欄に書いてみてください。

②今度はそのキーワードのイメージを持つ精油を、「精油」の欄に書き込んでください。精油は何種類書き込んでも構いません。また、ひとつの精油がひとつの色だけでなくても結構です。赤の精油にローズと書き込んだとしても、ピンクのキーワードにローズをイメージする言葉があれば、ピンクにもローズと書いてください。

③今度は、カラーの欄に書かれている色からイメージされる精油を、精油の欄に書いてみてください。

どの精油が、どのようなイメージ、キーワードを持っているでしょうか。

参考までに、私がイメージするキーワードと精油を、56ページにご紹介しています。あなたがイメージする色、香りと同じものもあるでしょうし、違うものももちろんあると思います。この表は、私が感じている色と香りであると同時に、これまでのアロマ調香の経験をもとに書き込んでいます。したがって、ごく一般的に感じられている言葉や色でもあります。感じる色と香りが正反対の場合、その精油を使ったアロマ調香では、個性的な香りが生まれるかもしれませんね。

香りで感じる色は？

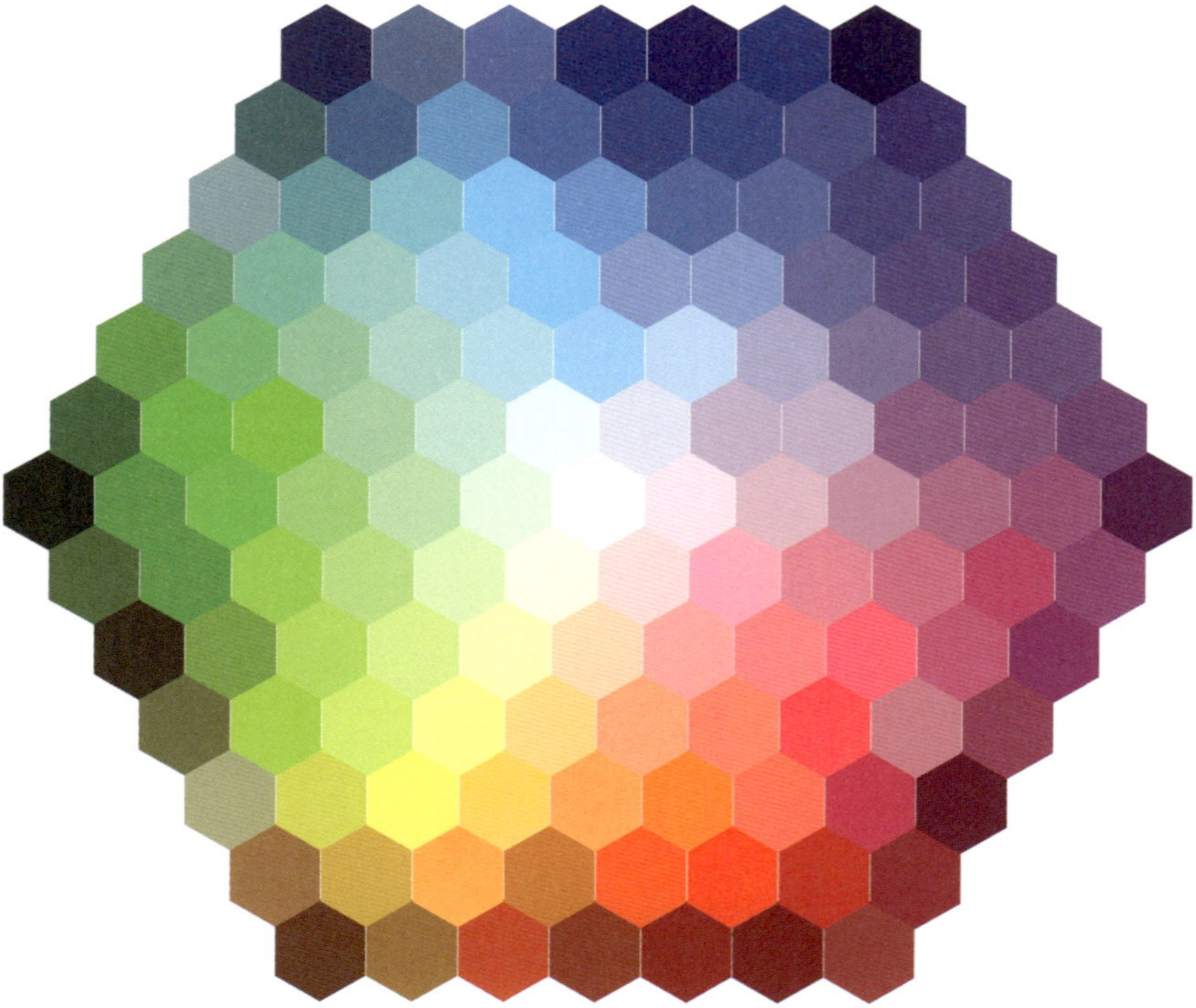

カラー	キーワード	精油
赤		
オレンジ		
黄色		
ピンク		
紫		
青		
緑		
茶		
白		
黒		

精油とカラーのイメージ

カラー	キーワード	精油
赤	情熱的、活動的、強い、興奮	ローズ、イランイラン、クローブ、カルダモン
オレンジ	前向き、活発、あたたかい、健康的	オレンジスイート、ベルガモット、マンダリン、ユズ、ホーウッド
黄色	元気、明るい、賑やか、リフレッシュ	レモン、グレープフルーツ、カモミールローマン、メイチャン、ユズ
ピンク	幸せ、愛情、ロマンチック、若さ	ローズ、ゼラニウム、イランイラン、パルマローザ
紫	高貴、神秘的、正統派、和風	イランイラン、サンダルウッド、フランキンセンス、ラベンダー
青	誠実、知的、静か、涼しさ	パイン、ヒノキ、サイプレス、ローズマリー、ジェニパー
緑	自然、リラックス、新鮮、植物	パイン、ヒノキ、ローズマリー、スイートマジョラム、プチグレン、ペパーミント、ユーカリ、ハッカ
茶	落ち着き、自然、歴史、古い	サンダルウッド、ヒノキ、パチュリ、ベチバー、ホウショウ
白	純粋、清潔、平和、無垢	メリッサ、グレープフルーツ、ライム、フランキンセンス、ミルラ、ユーカリ
黒	強い、クール、孤独、恐怖	ブラックペッパー、タイム、ブラックスプルース、フランキンセンス

香りの機能性

アロマ調香で、ひとつの軸になる部分でもある精油の化学。なんとなく苦手、という方も多いかもしれませんが、ここもうまく活用することで私たちセラピスト、アロマ調香デザイナーの幅を広げてくれるものです。私自身、理系ではなく文系ですので、化学は得意ではない分野です。そのため、表にしたり、わかりやすくまとめたりして理解を深めてきました。

精油は天然の植物から得られるものです。環境の変化や生存競争、自己防衛などさまざまな条件の元で生き延び、進化してきたものです。その植物の匂いを嗅ぐと、心理、生理に何らかの影響を与えることを古くから知っていて、それを活用してきたのが、私たち人間なのです。

近年は嗅覚に対する関心が高まり、積極的に研究が進められてきたことで、精油の芳香成分が持つ薬理的な働きが解明されてきています。とはいえ、これは今までのアロマセラピーの経験的・伝承的な域をようやく脱し、科学的実証が始まったという段階です。まだその計測手法を検証するために使われた、精油の心理的・生理的作用が発表されているにすぎません。何十万といわれる匂いの物質を系統立てて作用を検証するのは、まだまだこれからという話になります。

感覚的・精神的に作用するのか、薬理的に作用するものなのかということも含め、精油の芳香成分は、医薬品のようなわかりやすい効果効能をはっきりと伝えられるものではありません。それでも私は、アロマの精油を活用することで、私たちの心身に働きかけ、心地よさを提供することができると考えています。

ラベンダーひとつとっても、その精油は300種以上もの複雑な芳香成分が集まって構成され、数多くの機能や作用を持っています。そのひとつひとつの働きが、すべて明確にわかっているわけではありません。よって、自然の植物と全く同じものを化学的に合成することは不可能です。そのことから考えると、この化学的に解明されていない成分が、私たちにとって有効であったり、そうではなかったりする可能性も含んでいるということになります。

その点を踏まえて、私たちは精油の化学的な働き＝機能性について理解しておく必要があります。しかし、今わかっている部分を正確にとらえ、精油の働きを生かす知識を備えることが、アロマ調香においても、アロマトリートメントにおいても大切なことだといえます。

60～63ページに、精油の成分と精油の持つ主な作用を、それぞれ一覧表にしました。香りのデザインにおいて、デザイン性とともに機能性は必要な知識となりますので、精油選定の参考のひとつとしてぜひ活用してください。

調香の実践

調香というと、ブレンドそのものに注目しがちですが、ブレンド作業自体は実は一瞬であって、ブレンドが成功するかどうかは香りを選定する前とあとの「調香前の作業」と「調香後の作業」の2つの準備がとても大切なポイントになります。

ポイント1は、調香前の作業です。

香り全体を組み立てるために必要な確認事項があります。

・香りが使われる時間、場所、空間はどのようなところか
・誰に対して香りを使うのか
・その香りを嗅いでどのような気分になってほしいのか
・予算はどれほどどか

など、確認事項が詳細であるほど、香りづくりに必要な情報が揃っていきます。さらに素材の選定は感性だけでなく、論理的な思考も加えていきます。アロマ調香デザイナー講座ではこの香りの選定に必要なコンセプトシートをつくる練習をしていきます。繰り返し

精油成分一覧表

	分類	成分名	含有精油	薬理作用
テルペン類	モノテルペン炭化水素	リモネン	ベルガモット・レモン・オレンジスイート・ネロリ・フランキンセンス・ユーカリラディアータ・レモングラス	血流、抗菌、腎機能組織再生・消化・食欲増進
		α-ピネン	ジュニパー・フランキンセンス・ユーカリラディアータ・レモン・ローズマリー、ヒノキ	抗菌・抗炎症・強壮
		サビネン	ジュニパー・ナツメグ	鎮咳・殺菌
		カンフェン	ローズマリー	抗炎症・抗菌・抗ウイルス
		テルピネン	ティートリー・ネロリ・レモン	抗菌・抗炎症・組織再生
	セスキテルペン炭化水素	リンデステレン	ミルラ	強壮
		ゲルマクレンD	イランイラン・ジュニパー	鎮静・抗炎症・通経
		β-カリオフィレン	メリッサ・ラベンダー・ローズマリー	抗炎症・抗ウイルス
		カマズレン	カモミールジャーマン	抗炎症・皮膚再生
		カジネン	イランイラン	強壮
		ファルネセン	ミルラ	
		セドレン	シダーウッド	鎮咳
アルコール類	モノテルペンアルコール	リナロール	ラベンダー・ベルガモット・イランイラン・クラリセージ・ゼラニウム・ネロリ	抗菌・抗ウイルス・免疫調整・鎮静・血圧降下
		α-テルピネオール	ユーカリラディアータ	抗菌・免疫調整・抗炎症・収斂
		ゲラニオール	ゼラニウム・ネロリ・ローズオットー・レモングラス	鎮痛作用・抗菌・鎮静・抗炎症・防虫
		テルピネン-4-オール	ティートリー	抗菌・免疫調整・抗炎症・鎮痛・鎮静
		シトロネロール	ゼラニウム・メリッサ・ローズオットー	抗菌・筋弛緩・血圧降下・防虫
		ボルネオール	ローズマリー	胆汁分泌
		メントール	ペパーミント	殺菌・抗菌・抗ウイルス
	セスキテルペンアルコール	セドロール	シダーウッド	鎮静・鎮咳
		ネロリドール	ネロリ	エストロゲン様作用
		パチュノール	パチュリ	鎮咳
		サンタロール	サンダルウッド	リラックス・抗炎症・心臓強壮
	ジテルペンアルコール類	スクラレオール	クラリセージ	ホルモン調節（エストロゲン作用）

分類	成分名	含有精油	薬理作用
フェノール類	チモール	タイム	殺菌・消毒
	オイゲノール	バジル、シナモンリーフ	抗菌・活性・抗ヒスタミン
	カルバクロール	タイム・オレガノ	抗菌・抗ウイルス、免疫向上
ケトン類	カンファー	ローズマリー	去痰作用・中枢神経興奮作用
	メントン	ゼラニウム・ペパーミント	粘膜溶解・瘢痕形成・鎮静
	メチルイソブチルケトン	ミルラ	去痰・脂肪溶解・瘢痕形成
アルデヒド類	シトラール	レモングラス・レモン	虫除け・殺菌・抗ウイルス、抗真菌
	シトロネラール	レモングラス・メリッサ	虫除け、筋肉痛
	ネラール	メリッサ・レモングラス、メイチャン	抗菌、抗真菌、抗ヒスタミン
	ゲラニアール	メリッサ・レモングラス・メイチャン・ニオイコブシ	抗ヒスタミン・抗炎症・鎮痛・鎮静
フェノールメチルエーテル類	パラクレゾールメチルエーテル	イランイラン	鎮痙・鎮痛・鎮静
ラクトン類	クマリン	ベルガモット・レモン	血圧、抗凝血
	フロクマリン	オレンジスイート	血液流動化・鎮静
	ベルガプテン	ベルガモット・レモン・グレープフルーツ	薬理作用
エステル類	酢酸リナリル	ラベンダー・クラリセージ・ネロリ・ベルガモット・プチグレン・	鎮静・鎮痛・抗菌
	安息香酸イソブチル	カモミールローマン	麻酔効果、中枢神経鎮静・鎮痙・抗炎症
	酢酸ゲラニル	パルマローザ・イランイラン・レモングラス	抗不安・鎮静
	酢酸ベンジル	イランイラン・ジャスミン	興奮
	安息香酸ベンジル	イランイラン	鎮痙・鎮静・鎮痛・神経バランス改善
オキサイド類	1.8-シネオール	ペパーミント・ローズマリー・ユーカリラディアータ・ティートリー・ラヴィンツアラ、ローレル	去痰・鎮咳・免疫向上

精油の作用と主な働き

作用	主な働き
引赤作用	血流の量を増やして、局所をあたたかくする
緩下作用	腸からの排泄を促進する
強壮作用	全身のさまざまな機能を活性化させ、強化する
去たん作用	消化器系の過剰な粘液を排出し、除去する
駆風作用	消化器系を刺激し、腸内にたまったガスを排出させる
血圧降下作用	血圧を低くする
血圧上昇作用	血圧を高くする
解毒作用	体内の毒性物質を中和する
解熱作用	高い体温を下げる
健胃作用	胃のトラブルを整え、健康にする
抗アレルギー作用	アレルギー反応を抑制し、症状を軽減
抗ウイルス作用	ウイルスを抑制する
抗うつ作用	落ち込んだ抑うつ的な気分を明るくし、高揚させる
抗炎症作用	炎症を抑える
抗菌作用	菌の増殖を抑え、細菌から身体を守る
抗真菌作用	真菌から身体を守る
抗リウマチ作用	リウマチの症状を緩和する
催乳作用	母乳の分泌を促す
細胞成長促進作用	皮膚細胞の成長を促す
殺菌作用	細菌と戦って撃退する
殺真菌作用	真菌（糸状菌・酵母）の増殖を抑え、真菌による感染症を治す
殺虫作用	有害な虫を撃退する
酸化防止作用	酸化を防止、または遅らせる
子宮強壮作用	子宮のはたらきを強くし、正常化する
刺激作用	心身のはたらきを活性化し、エネルギーを増進させる
止血作用	出血を止める
収れん作用	組織を引き締め、収縮させて結束させる

作用	主 な 働 き
止痒作用	かゆみを止める
消炎作用	炎症を鎮める
消化促進作用	消化を助ける
消毒作用	細菌などの感染を抑止する
食欲増進作用	食欲を増進させる
頭脳明晰作用	脳を刺激し、はっきりさせる
制汗作用	汗の出を抑える
胆汁分泌促進作用	胆汁の分泌を促す
鎮咳作用	せきを鎮める
鎮けい作用	けいれんを鎮める
鎮静作用	興奮を鎮める
鎮痛作用	痛みを和らげる
通経作用	月経を促し、正常化させる
デオドラント作用	不快な臭いを消す
発汗作用	汗の出を促す
鼻粘液排出作用	鼻の粘液を排出させ、鼻づまりを解消する
皮膚軟化作用	皮膚を柔らかくする
分娩促進作用	陣痛を促し、安産を助ける
ホルモン様作用	ホルモン分泌器官を刺激し、ホルモンの分泌を促す
利尿作用	排尿を促し、尿の出をよくする

行うことで、クライアントにとって最適な香りをつくるために必要なポイントがわかってきて、
最適な精油の選定ができるようになってきます。

ポイント2は、調香をした香りが自分が考えた香りのイメージと合っているのか?という確認作業です。

理性的といわれる左脳ではなく、感性の右脳で感じ、右脳で判断していきます。目を閉じ、集中力を高め、自身の嗅覚力のみで判断を行うことが必要です。そして、より高い客観性を得るために、自分以外の第三者につくった香りの評価をしてもらうことも大切です。

私自身、香りの専門家や講師はもちろん、一般の香りが好きな人に伺うこともあれば、香りに縁遠い方、アロマをご存知無い方に確認をしていただくこともあります。これにより、より広く客観的なフィードバックが得られるということにもなります。

香りを嗅ぐ環境の整え方

常にフラットで香りを嗅ぐため、また香りに柔軟に対応するために、私は香りづくりの前に次のようなことに注意をしています。

①できるだけ匂いを感じない部屋で創作する
②人の出入りの少ない静かな場所で行う
③換気がされている空間（風の流れはないほうがよい）で行う
④落ち着いた照明の色や、部屋の雰囲気にする
⑤室温は20～25度前後、湿度が50～60％ぐらいにする
⑥道具類は整理しておく
⑦創作する香りごとにムエットなどを廃棄できるように、ゴミ箱などを準備する

ここにあげたように、調香を行うときは、暑すぎず、寒すぎず、風のない静かな場所、つまり香りづくりに集中できる空間で行います。専用の記録用ノートをつくっておくと、同じ香りをつくりたくなったとき、また香りを少し変化をさせたいときなどにも役立ちますので、ブレンド内容は、書き留めておくのがおすすめです。

調香を行う

それでは実際にアロマ調香を行ってみましょう。これは個人の香り、公的スペースの香り、

どれにも共通する基本の部分です。

①香りの目的を確認する。
②イメージを膨らませ、薬理作用も踏まえて目的に合う精油の選定をする。
③軸になる香りを決めて、香りのノートを確認する。
④系統、ノートなどさまざまな角度から補完する精油の選定をする。
⑤ムエットに精油をつけて香りの組み合わせを確認する。
⑥レシピを記録する。
⑦小皿に精油を垂らしてブレンディングを行う。
⑧香りを確認する（ムエットで行う。空間演出の場合は噴霧テストも行う）。

できたものは、遮光瓶に入れ、ラベルを貼ります。

調香のこだわり7ポイント

このほかに、私自身で実践しているポイントをご紹介します。

アロマ調香に必要な道具。左から時計回りに、精油、口の広がったガラス容器（2種。使いやすいほうでよい）、ムエット、スポイト、記録用のノート、ペン。

①香りの確認はムエット（試香紙）を使う

これまでの受講生の中には、精油瓶の蓋の匂いを嗅いだり、瓶に鼻を近づけてドロッパー部分の匂いを嗅いで精油の香りを判断している方がいました。毎回ドロッパーを拭き取っていれば別ですが、多くの場合、精油が付着してからどのくらいの時間が経過しているかはわかりません。内蓋についている精油、ドロッパー周辺についている精油は酸化した状態の匂いである可能性が高いため、この方法はおすすめしません。

この点から、私の講座では香りの確認は必ず、ムエットに精油をつけて行っています。

②調香は夜ではなく、鼻が利く朝に行う

人間の嗅覚は1日過ごして疲れてくると、繊細な香りの判断をすることが難しくなってくるといわれています。香りづくりでは、1滴で変わる変化を感じ取り、微妙な香りのバランスや、変化を想定してブレンドを行っていきます。

このような観点からも、調香は身体や脳が疲れていない朝や午前中に行うのが、繊細な香りをつくるうえでおすすめです。

とはいえ、私自身失敗談もあります。香りづくりに没頭して、朝から夜まで、時には深夜までアトリエにこもって、ひたすらブレンド作業を行っていたこともあります。結果的に深夜の作業は、香りの判断が鈍かったり、逆に覚醒をしている場合もあったりと、冷静

な判断が難しいと感じました。

今は、基本的に早めの時間帯に集中して、アロマ調香を行うようにしています。スケジュール的に夜つくる必要がある場合は、お風呂に入ってリセットをしてから行い、朝、再度香りを確認することを心がけています。

③基本の調香にはビーカーではなく口が広がってる形のものを使う

少量のブレンドでも香りの広がりを確認しやすいため、このタイプの小皿を使っています。ブレンドしたあと、香りを混ぜながら、空気に少し触れさせていくためです。空気に混ざったあとの香り立ちもわかりやすいので、一度口の広がっている形のものを使ってみるのもおすすめです。

もちろん、クライアントへ納品するブレンドオイルの量は大量ですので、そのときはビーカーで行っていますが、香りづくりには、繊細なグラスのような形を使っています。

④ブレンドはベース→ミドル→トップ の順番に入れていく

アロマブレンドが決まり、ブレンディング作業を行うときには、ベースから入れていきます。

これは、トップに分類される精油は揮発が早く、ブレンドした瞬間からどんどん香りが変化していってしまうからです。揮発しにくいベースノートからブレンドしていくことで、香りが完成したときに、ブレンドした香りの全体の調和の確認が行えます。

⑤精油は少量ずつ追加する

ブレンディング中に「もう少し香りを強くしたい」ということありますが、このときは入れすぎに注意が必要です。うっかり加えてしまった1滴、2滴によって、香りが想像以上に変化してしまうことがあるためです。

精油のブレンドは料理と同じところがあると思います。料理で調味料を入れすぎると味を戻せない、といわれるように、アロマの精油も入れすぎるとやはり戻せなくなり、香りの調整が難しくなります。

また、強くなりすぎてしまった香りを、相反する香りで打ち消そうとすると、もともと考えていた香りのバランスから大きく逸れていってしまいます。考えていたレシピをそのまま完成させてみると、思っていたよりもバランスがよかった、ということもあります。自分の描いていた香りの設計図と完成品を照らし合わせることで、香りの辞書が増えていきます。

私がブレンドに興味を持った頃は、アロマの書籍には3～4種類の精油の組み合わせ例の掲載が多く、5種類をこえたブレンドはあまり見かけませんでした。そこで、私は自分なりに海外の調香師や科学者が書いている本などを参考に、8、10、20種類……とブレンドの実験を行いました。

いわゆるよい香りづくりの法則や、これなら、という組み合わせが見えてきたのは、アロマブレンドを行って1000回を過ぎてからでしょうか。もちろん香りを使う目的にもよりますが、ブレンドならではの香りや深みを楽しむならあまり少なすぎず、5~10種類ほどの精油を組み合わせていくのがおすすめです。

⑥香りの変化の確認をする

ブレンドした香りは、精油同士が組み合わさることでの化学変化もあります。それぞれの香りが引き立ってくるタイミング、香りの角が取れてまろやかになってくるタイミングなど、時間とともに香りも変化していきます。

このことから、ブレンド後は、1時間後、半日後、翌日、翌週、と定点で観測することも必要な要素となります。特に商品として作成する場合は在庫の問題もあり、なおさら大切になってきます。

先日、3年前に商品化した未開封のブレンドオイルを開封する機会がありました。どんな香りになっているか、劣化しているのか、熟成しているのか、ドキドキしながらの確認作業でしたが、香りとしては劣化しておらず、とてもうれしい瞬間でもありました。

これはブレンド内容と保存状態によっても大きく変わることを実証した結果となりました。ぜひ皆さんも、時間とともに変わる香りの変化・熟成も楽しんでみてください。

⑦ブレンドした香りへの客観指標をもつ

実はアロマ調香デザイナーとしての成長に大きく関係するのが、この「自分以外の誰かに香りのフィードバックをしてもらう」ということだと感じています。私たちはどうしても、自分の作品への思い入れが強くなるので、自分が好きな香り＝他人も好きであると思い込んでしまうこともあります。もちろん趣味の範囲であればそれもよいと思いますが、職業となると、それでは問題がある場合もあります。

ブレンドした香りに「よい」、「悪い」の率直な意見をくれる、フィードバックが得られる環境を設けることが、とても大切だと思います。

私がつくってきた香りも「バランスがいいですね」「感性がよいですね」とお褒めの言葉をいただくことがあり、とてもうれしいのですが、実は今までつくってきたブレンドは、常にフィードバックを行っています。

よかった点は、具体的に何がよかったのか。

悪かった点は、具体的にどのような点なのか。

この積み重ねが自分以外の人が、「よい香り」と感じるブレンドができる指標となっていくのです。まずは身近な人に自分のブレンドをした香りを嗅いでもらい、率直な意見をもらうこと。これが次の香りづくりの改善点を与えてくれる貴重なアドバイスになります。

アロマ調香ノートと使い方

私には今まで、１００社を超える法人企業様などの香りづくりで使ってきた香りの設計図となる、テーマやコンセプト、キーワード、空間、そして精油リストなどを記録するノートがあります。これを先日、皆さんに使っていただけるように「アロマ調香ノート」として制作、販売をスタートいたしました。

このノートは、アロマ調香の専用ノートです。調香前作業、香りの設計図を描く、調香後の確認作業までができるようになっています。目的やコンセプト、香りのイメージ、色、精油の作用など、アロマ調香に必要な要素が記入できるようになっています。なんとなく香りをつくって、なんとなくいい香り、というフワっとした感じではなく、きちんと目的を持って「香りのデザイン」をしてほしい。

そのきっかけに、このアロマ調香ノートを使っていただければうれしいです。これまで、わたしはアロマブレンドの内容をＳＮＳでも公開してきました。よく周囲の知人や生徒さんからは、「ブレンドって秘密にしておかなくていいの?」「ノウハウの流出にならないの?」などと言われましたが、仮にノウハウの流出になったとしても、この情報をきっかけにアロマブレンドを知りました、という方や、アロマ調香に興味を持ってくださった方がいるとするならば、そのプラスの面に目を向けていきたい。それがアロマの業界を変えていくきっかけになるかもしれない。そう思い、1000以上のアロマブレンドレシピを公開してきました。中には、名称や実績、写真だけをコピーする方もいます。しかし「本物のデザイナー」なら、自分自身がそのような行為をすることを、プライドが許さないでしょう。

だからこそ、これからもブレンドの情報は開示していきますし、多くの方の相談や質問にも応えていきたいと思っています。その一環として、アロマ調香ノートが香りをつくるうえでお役立ていただけるのであれば、何よりもうれしいことです。

パーソナルアロマ調香「Essentia エッセンシア」

私がこれまでさまざまなアロマを学び、ブレンディングを行う中で、友人から「私に似合う香りをつくってほしい」と言われたことがきっかけで、個人の方に寄り添う香りをつくる方法を模索しました。それをひとつのオリジナルブレンドのメソッドにまとめました。

AROMA
BLEND NOTE
Design everyday life
with aroma

このメソッドでは、対面でのコンサルテーションを中心に行いますが、そのほかに、五行による体質チェック、心理アロマチェック、そして香りの嗅ぎ分けや香りの好みのチェックを行っていきます。

さらに、今欲しい香りや使いたいシーン、なりたいイメージを聞き取り、それらすべてを総合的に見て、その方の好みの香りを取り入れて方向性を決めます。心身のサポートまで盛り込んだブレンドをつくること。これがお一人お一人に向き合った、世界にひとつの香り、パーソナルアロマ調香「Essentia エッセンシア」です。

精油を組み合わせる要素はたくさんありますが、何を軸に組み立てていくのか、大切な目的としては、「クライアントがいい香り」と思うところに着地をさせること。パーソナルの香りでも、企業の空間演出でも変わりません（このパーソナルアロマ調香「Essentia エッセンシア」は、ＩＡＰＡ認定アロマ調香デザイナー講座でお伝えしている内容です。詳しくはホームページをご覧ください）。

この方法で、なんとなく好きな香りを使って香りをつくるのではなく、理由があって、香りを選ぶことができるようになります。

私は以前から、「資格は取っただけではなく、活用をすることで活きるもの」とお伝えしています。そういう思いから、アロマ調香デザイナーという資格取得後、すぐにご自身のメニューに加えられること。これを目標につくったのが、このパーソナルアロマ調香「Essentia エッセンシア」になります。

これまで300名以上に香りをつくってきました。前向きになれる香り、仕事を始める切り替えになる香り、自宅でゆるみたいときの香り、香水代わりに艶やかな気分になる香り……。その方のリクエストに応じて、ナチュラルな優しい香りを、おつくりすることができるのが、このパーソナルアロマブレンドの魅力です。

パーソナルアロマの実例

それでは、これまでのクライアントを例に、パーソナルアロマブレンドの組み立て方をお伝えします。

例1　17歳高校生　男性　ラグビー部

毎日部活があり、気持ちの面では元気があるが、筋肉疲労やだるさを解消したい、というクライアント。お風呂やマッサージのときに使いたいというご希望。

精油：グレープフルーツ、ローズマリー1．8シネオール、ジュニパーベリー

ポイント：グレープフルーツの爽やかな香りは、リンパの流れをスムーズにする作用が

あります。ローズマリーは筋肉痛などにも。ジュニパーもデトックス作用があります。
湯船に数滴入れたり、マッサージでは、植物オイルに混ぜて使えます。心身をゆるめたい場合は、ラベンダーやオレンジスイート、スイートマジョラムなどがおすすめ。

例2　33歳会社員　女性　雑誌ライター

取材やパソコン作業などが多く、雑誌の締め切りが生活の中心になっているので、仕事時間も食事時間も不規則。最近ホルモンバランスが変わってきたような気もする。ストレスが溜まっていて、夜もすぐに眠れないので、入眠にいい香りが欲しい。

精油：オレンジスイート、ベルガモット、ラベンダー、スイートマジョラム、フランキンセンス

ポイント：自律神経に働きかける香りをチョイス。副交感神経の働きをよくしてくれるオレンジスイートとラベンダーは、ピローミストとしてとてもおすすめ。疲れた心と身体をゆるめたいときに使いたいブレンドです。

例3　45歳会社員　男性　営業職

仕事に行くときにスイッチを入れられるような香りが欲しい。自分の名刺などにつけて、自分らしさのアピールや、香りでイメージアップもはかりたい。爽やかながら、信

頼感を与えるような香りを希望。
精油：ベルガモット、グレープフルーツ、ユーカリラディアータ、スパイクラベンダー、ゼラニウム、ヒノキ、スプルースブラック、ベチバー
ポイント：柑橘類で爽やかさを、なじみのある木の香りを重ねて信頼感を出しています。初対面の人にも一瞬で香りのイメージが伝わるので、名刺入れに香りをしのばせるのは、ビジネスシーンで最近とても人気がある使い方です。

引き算の美学

引き算とは、文字どおり、「なにかを引く、削除する」という意味です。私は、香りは風のようにさらりと通り抜けたときに気づくくらいが理想だと思っています。もちろん香水のようにファッションアイコンとしての使用の場合は別だと思います。主張することで、ブランドを表現する場合もあると思いますが、職場での香りの使い方にはとりわけ注意が必要です。

仕事中の強い香水の香りやお鮨などの繊細な料理をいただく席の香水は、邪魔になることもあります。もちろんＴＰＯがありますので、そこは個人の判断が大切です。

香りは重ねるほどに、奥行きが出る一方で、濃厚にもなります。これまで６０００回以

上のブレンドを行ってきて、改めて思うのは、シンプルにする美しさと難しさです。余計なものをできるだけ削ぎ落とすことで、伝えたいことの輪郭がはっきりとしてきます。

心地よく感じる香りをつくることは、とても大切です。香りは空気に混ざって香ります。そこに滞在する人は、その空気からは逃れられないのです。となると、やはり香りは主張しすぎないこと、少し物足りないかな、と感じるくらいが実はちょうどいいのです。

香りをつくる側が主張し過ぎると、香りが主役になってしまい、本来の場所や、主役を邪魔してしまうことがあります。ですがそれは、クライアントが求めていることではなく、求められている香りでもないことが多々あります。

香りは主役である人や場所を、より引き立てるものです。

アロマ調香デザイナー（作り手）にとって大切なことは、
・心地よい（邪魔にならない）香りをつくること
・さまざまな香りを使いこなすことができること
・再現性のある香りをデザインすること
であると思います。

これからもそんな香りづくりをしていきたいと思っています。

第3章
アロマ空間演出

アロマ空間デザインとは

私の考えるアロマ空間デザインは、「天然の植物から抽出した精油（素材）と確かな技術力と経験値（技）、そして精油の持つデザイン性と機能性をかけ合わせて、クライアントの目的やイメージに合わせて洗練された心地よい空間をデザインすること」としています。

人の嗅覚は感情に大きく影響していて、記憶にとても重要な役割を果たします。人間の五感（視覚・聴覚・嗅覚・味覚・触覚）のうち、嗅覚で得た情報は最もダイレクトに脳に伝達されます。

これは、嗅覚はもともと人間の生死を判断するからといわれています。人や動物も、食べ物が腐っていたら異臭を感じて食べないというのも、本能的に命に関わることだからといわれています。

また、家庭でガス漏れが発生していると、すぐに「ガス臭い！」と異臭悪臭に気づくと思います。実はガスはもともと無臭であることをご存知でしょうか。ですが、ガス漏れしていることに気づかないと、大事故に至ってしまうため、ガスに人工的に臭いをつけて、人がガスの匂いに敏感に反応できるようにしているのです。

では私たちにとって心地よい空間とはどんなものでしょうか？　食事の好みと同じで、

人それぞれ香りに好みがありますが、それでも人には共通して好む香りや、好きな香りや系統があるはずです。

幼い頃の香りの記憶。これが私の香りの原点というお話はすでにしていますが、この「香りと場所の記憶」こそ、香りが私たち人に寄り添うことができる大きな意義でもあると思うのです。人は過去に経験した香りを懐しんだり、無意識に好んだりする傾向があります（もちろんそれがいやな体験と関連づけられていると、それは嫌いな香りに分類されますが）。

たとえば日本人にとって、「ヒノキ」の香りは好まれるもののひとつにあげられます。ヒノキ風呂といえば、「温泉」とイメージが湧く方が多いと思いますが、これは寺社や住宅など、昔から多くのヒノキが使われており、日本人は無意識のうちにヒノキの匂いになじみ、またそれを好む傾向にあるからです。

あるときこんなことがありました。

青森に「ヒバ」という精油があります。青森出身の友人が、その精油を嗅いだときに「あぁ、故郷の匂いがする」そう言って、懐かしい顔をしていたことを今でも覚えています。

どこかで嗅いだことがある香り。それを嗅いだ瞬間、たちまちタイムトリップをしてリアルに感じることができるあの空間、時間、質感。それをつくることができたら、もっと香りは私たちの心や身体をサポートできるのではないか。そう思ったことが、私がアロマ空間演出に興味を持ったきっかけでもあります。

アロマ空間演出に必要な要素として、アロマを使った「空間デザイン」があります。

空間デザインに関しては、建物や空間の知識や理解が非常に重要となります。その知識を得るために、私自身も、建築家や空間デザイナー、照明デザイナーなどのクリエイターの方や、デザイン関連の方たちと話す機会を持ちます。実際に学ばせていただくことも多く、実際の現場のことを教えていただいたりすることも少なくありません。

以前、建築家の方から、「空間デザインで大切にしている3つの間」、という話を伺い、それ以来、私も香りづくりにおいて次の「3つの間」を意識して進めるようにしています。

アロマ演出を構成する3つの「間」①「空間」

「空間」はアロマを使って香りを演出する現場そのものです。その場所の高さ、広さ、内装といった物理的なものが基本となります。

①広さ、高さ、形状（間取り）

②内装、インテリア

そのほかに、以下の点も確認していきます。

1．演出現場の確認

空間には、テーブルや椅子があったり、パーティションで区切られていたりなど、空間に配置されているものがあると思います。そこを確認することで、その空間の空気の通り道、風の流れ、香りの流れをイメージしていきます。出入り口の状況や電源の位置も確認します。

2．演出現場の匂いの確認

1にあげたものからは、固有の匂いが発せられていることもあります。まずは体感ベースで、人が歩く、座る、止まる動線の中に、空間に何かの匂いを感じられるかどうかをチェックします。

時には、建物の近隣にある池や排水溝からの匂いが施設内に入ってくることもあります。また新築のマンションやホテルなどの建物は、水を出すと、水道管から匂いがしたり、溶剤の匂いが残っているケースなども多々あります。工事中の現場の見学をさせていただき、クライアントと相談のうえ、開業前からできる準備を進めることもあります。

3．換気排気などの確認

窓の開け締めのほか、夏場には冷房、冬場には暖房などをつけると思います。排気口がどこにあるのか、エアコンの吹出口とその数なども、香りの動線に影響を与えるので、確認をします。

空気の流れが滞ってしまう場所や、香りを動かしたい場合には、業務用ディフューザーのほかに、サーキュレーターを使用して香りの流れをつくることも必要になります。

アロマ演出を構成する3つの「間」②「時間」

これは人がその場所に滞在するそのものの時間と、香りのイメージとしての季節感などの時間の感覚とを指しています。

たとえばそれが、エントランスや廊下のような「通過型」の場所となるのか、何かを見たり座ったりして過ごすような「滞在型」の場所となるのか。これによって、そこで感じる香りが変わるので、ここも確認します。

画像は香りをいれている、三井不動産様の共用部の写真です。ここは2600名のオフィスワーカーが入居しているCOREDO日本橋のオフィス棟の共用部のスペースになります。

かなり広い空間ですが、この場所は休憩のために滞在したり、打ち合わせをしたり、昼食をとったりする場所です。このようなときには、食事の邪魔をしない香りの組み合わせにすること、また、打ち合わせや休憩を邪魔しない香りの噴霧パワーに調整することも重要なポイントです。

また、季節感というところでは、こちらではCOREDO日本橋の香り、というベースのアロマブレンドを納品していますが、季節に合わせてほんの少しずつ精油の配合を変え、春夏秋冬を感じるようにしています。そういった部分でも、日本ならではの四季折々というものは、香りの導入のポイントにもなると思います（詳しくは空間演出事例に掲載）。

アロマ演出を構成する3つの「間」③「人間」

最後は、「人間」という空間内での存在についてです。香りを誰が感じるのか、どのように感じてもらいたいか、という一番大切な軸の部分ですので、繊細にとらえていきたい

OASISはさまざまな企業のオフィスワーカーが利用している

ところです。

たとえば、あるホテルの空間であれば、そこにはお子様から年配の方まで、幅広い年齢の方が訪れる場所です。このような場合には、大人以上に嗅覚に敏感なお子さまにも好まれる香りを選ぶことが必要になってきます。また濃度も濃すぎないように調整していきます。

一方で、お酒を飲むような場所であれば、室内空間と合わせてそこは大人だけの場所となりますので、ふさわしい香りの選定そのものが変わってきます。

このように、空間にどんな人がいるか？　というのは、非常に重要なポイントになります。年齢や性別や国籍なども香りの選定に関係してきます。

記憶と香りがつながりやすいものだからこそ、私たちは日頃からたくさん触れてきた香りを好む傾向があるのです。その結果、その香りがあると安心する、ということにもつながるのでしょう。

これらの環境や文化的な背景も交えて、アロマ空間演出が本当に求められているのは、その安心感や信頼感を香りで感じることによって、その場所、空間を心地よく感じさせることができる、ということなのではないかと思います。

アロマ空間演出の魅力

では、アロマ空間演出の魅力はどこにあるのでしょう。
大きく分けると3つあります。

①感性に訴えるもの（デザイン性）
②精油の力を生かした心や身体に働きかけるもの（機能性）
③この①②両方を掛け合わせた無限の空間の可能性（デザイン性×機能性）

インテリア、季節感、音楽などさまざまな要素をうまくかけ合わせることで、もともとの空間が、さらにその場所にいるだけで心地よい、長く滞在したくなる、より魅力的に映る、といった効果をもたらしてくれます。

アロマ空間をつくるために、カラーと合わせて考えたいのがインテリアです。ここでもカラーや素材感、質感などの雰囲気などを考慮して具体的な空間のイメージを言葉で把握していくことも大切です。

インテリアのイメージやスタイルに合わせた香りの選定を考えてみましょう。

8つのインテリアスタイル

それではアロマ空間演出をする空間のインテリアスタイルに合わせて香りを選択するポイントを具体的にみていきましょう。

インテリアスタイルは、空間の色調やそこに置かれている家具、調度品のテイストなどによって、さまざまなスタイルがあります。本書では、8つのインテリアスタイルにまとめました。

1、モダン　2、北欧系　3、和風
4、クラシック　5、エレガンス
6、インダストリアル
7、ナチュラル　8、リゾート

またその相関関係を、やわらかい（SOFT）―かたい（HARD）、あたたかい（WARM）

香りとインテリアの相関図

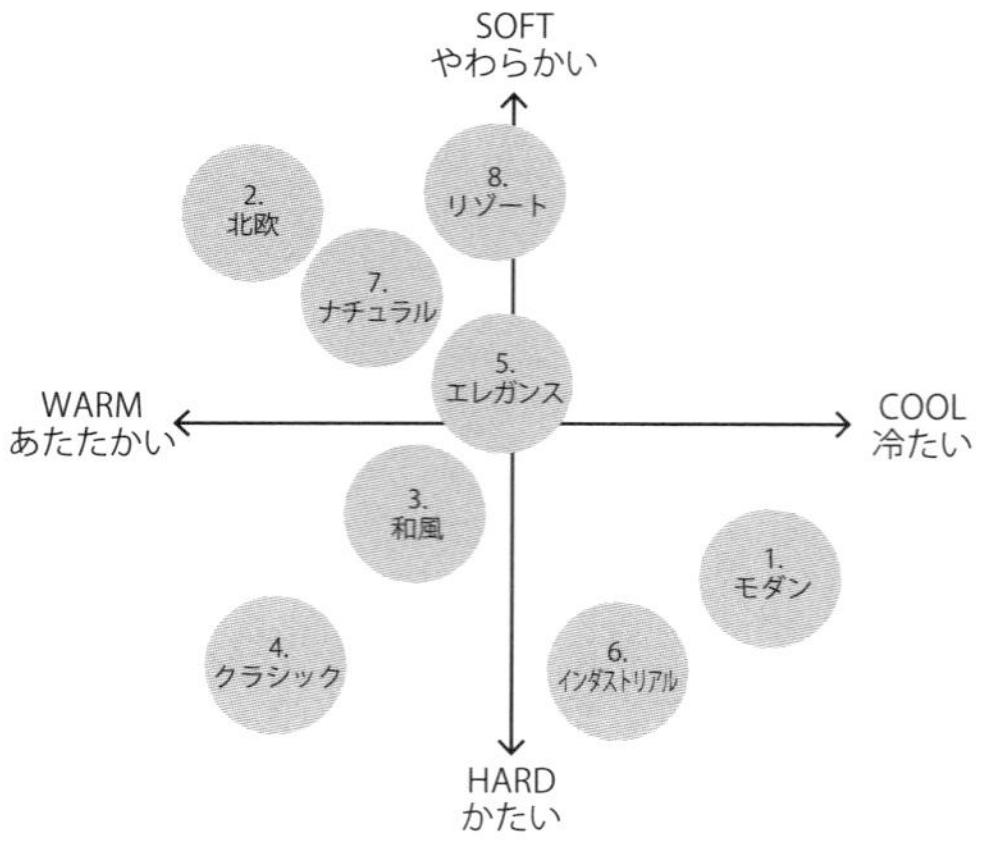

―冷たい（COLD）の軸にして表にしました。

香りで演出する空間が、どのインテリアスタイルのイメージに合うのか、確認していきます。

空間の質感やイメージ、特徴を「都会的」「明るい」「自然」「日本らしい」「重厚感がある」「フェミニン」といった具体的な言葉で書き留めていきます。次に、空間全体のカラーイメージや、使われている家具や調度品、小物の素材感に着目して、「木」「アイアン」「アースカラー」「ガラスが多い」「植物がある」など特徴を確認します。

インテリアスタイルのイメージが確認できたら、言葉やカラーイメージが近いインテリアスタイルを見つけ、空間のインテリアスタイルと合わせて、最適な香りを選ぶヒントにしていきます。

8つのインテリアスタイルの特徴と香り

それぞれのインテリアスタイルの特徴と、そのインテリアスタイルを表すイメージキーワード、インテリアスタイルに合う香りをまとめました。

1. モダン

1900年前後に登場したモダンデザインは、現在のインテリアデザインの「土台」ともいえるスタイルです。金属やステンレスなどを使い、会社のエントランスなどで多く採用されます。クールで都会的、高級感のある洗練された空間です。甘さを抑えたクールでおしゃれなニュアンスがある香りにします。

キーワード：洗練、クール、都会的、大人

精油イメージ：フランキンセンス、ジュニパー、ローズマリー、ベルガモットなど

2. 北欧

シンプルで実用的なデザイン。自然光の美しさを生かす淡い色の壁や床、すっきりと整理整頓された空間に、北欧テキスタイルでポップなイメージを追加したり、デザイン性の高い家具や照明などでアクセントをつけていくインテリアテイストです。

キーワード：シンプル、デザイナー家具、自然、モダン、ヒュッゲ

精油イメージ：オレンジスイート、スイートマジョラム、パイン、ホーウッドなど

3. 和風

畳や障子、床の間、縁側など日本の住まい特有の意匠は、長い歴史の中でこの国の気候

や風土に合わせて培われてきたものです。伝統的な和室以外にも、和モダンのように調度品などを現代のライフスタイルに合わせたりする形もあります。海外では「ZEN」スタイルと呼ばれることもあります。

キーワード：静か、落ち着き、禅、木、畳

精油イメージ：ヒノキ、ユズ、サンダルウッド、ホウショウなど

4．クラシック

クラシックスタイルはヨーロッパの伝統的な装飾様式を取り入れた格調高く優雅なスタイルです。細部にまで装飾が施され、アンティークやベロアなど艶や落ち着きのある重厚感がある雰囲気です。

キーワード：落ち着き、伝統、重厚感、上質

精油イメージ：サンダルウッド、シダーウッド、ホーウッド、フランキンセンス

5．エレガンス

華やかさや優雅さ、上品さをまとったフェミニンなイメージのインテリアスタイルです。基本的にはクラシカルな家具を使用しますが、ゴールドやホワイトなど映える色を使い、華やかな雰囲気を演出します。

キーワード：気品、上品、フェミニン、華やか
精油イメージ：ローズ、ゼラニウム、ベルガモット、ローレルなど

6．インダストリアル

工業用製品などを使ったり、鉄や古材を使ったりした家具が似合う無骨なデザインスタイル。重厚感があり、飾らない雰囲気。壁はコンクリートや、ざらざらした荒削りな印象のもの、家具はスチールなどの無機質な金属が合います。
キーワード：無機質、無骨、鉄（アイアン）、工業的な
精油イメージ：ベチバー、ブラックペッパー、ミルラ、フランキンセンス、ジュニパーなど

7．ナチュラル

木のぬくもりや自然の素材を取り入れた、明るいやわらかさのあるインテリアスタイル。素材の質感を存分に生かし、白かベージュ系のような全体的に淡い色合いでまとめるのがポイント。流行に左右されないのが特徴です。
キーワード：自然、木、清潔、シンプル、素朴
精油イメージ：オレンジスイート、グレープフルーツ、ユーカリ、レモン、パイン

1. モダン

2. 北欧

3. 和風

4. クラシック

5. エレガンス

6. インダストリアル

7. ナチュラル

8. リゾート

8. リゾート

リゾートをイメージした観葉植物に、籐などの自然素材の家具や雑貨などを使った開放的なインテリア。バリ風、ハワイ風、コースタルとさまざまなテイストがあります。海をイメージさせる雑貨やアースカラーなどの調度品でまとめると、大人のリゾートの雰囲気になります。

キーワード：開放感、海、自然、落ち着き、アースカラー

精油イメージ：ライム、レモン、シダーウッド、ジャスミン、パルマローザなど

香りのマーケティング

人の嗅覚は感情の75%に影響していて、記憶にとても重要な役割を果たします。科学的な研究からも、大脳辺縁系の主な働きは、生命維持に必要な本能（食欲・性欲・睡眠欲・意欲など）や感情（喜怒哀楽）を司ることで、自律神経調節のための中枢的機能を持つ「視床下部」を調節する働きがあることがわかっています。

つまり、香りを嗅いだだけでさまざまな作用をもたらしてくれる、ということになるのです。このアロマの力で脳を刺激し、企業やブランドを強く印象づける香りの効果や空間演出や販売に活用する「香りマーケティング」という考え方が、今注目されています。

ブランドに香りをリンクさせる

香りによるブランディングとは、単に心地よい香りで空間を満たすだけではありません。企業のコーポレート・アイデンティティ（CI）を確立し、香りを使うことで、クライアントにメッセージを伝え、より訴求力を高めるといったマーケティング効果があります。つまり、モノや商品の機能的な価値だけでなく、感性的な価値を訴求することで、ほかとは違う体験、経験を伝えることができる、ということになります。

実際に私が活動をしている中で、2008年頃から日本国内の多くの企業で「香り」や「匂い」に関するマーケティング活動が活発になってきたことを感じています。

ちょうどその頃に海外の柔軟剤や芳香剤などが一般家庭に浸透し、匂いに対する感性を高めた消費者が「匂いの好き・嫌い」に対して声を上げ始めたこともきっかけかもしれません。

「どんな香りが人に好まれるのか」、「どんな香りが購買意欲を高めるのか」、など、私が携わった法人企業の仕事では、営業支援や販売促進の役割を担う「企業や製品のブランディング」として香りの可能性を求められてきました。

毎年のように、家庭用洗剤などの新製品を発表し、販売している大手外資系企業からのご依頼で「香りのトレンド」「よい香りの定義」「今後人々が求める香りはどんなものか」などについて、アジア地区の各支部をつなぎ、同時通訳の入るディスカッション形式での会議に参加させていただきます。そこでは毎回、各地域の担当者から質問が飛び交う、かなり熱いものになります。

それだけ香りのトレンドをいち早く認知することに注目していることがよくわかります。洗剤も従来の除菌効果のような部分だけではなく、消費者が求めているものとして、パッケージデザインやよい香りという要素も大きく関わってきます。

別件で私がお手伝いさせていただいたお仕事の中で、大手不動産企業のタワーマンションの販売センターがありました。ここではその用途に合わせて複数の香りをデザインしました。それもすべてクライアントの好みや動向などのマーケティングを意識して香りを作成しています（空間の規模に応じた演出例は4章でご紹介）。

このほか、香りを使ったマーケティングとしては、アメリカ、ラスベガスのカジノの話があります。カジノ内にオレンジなどの柑橘類の香りを流すことで滞在時間が延び、結果的にお客様はお金をたくさん投じるということで売り上げが48％と伸びたというデータがあります〔アメリカのカジノで、特定（ベルガモット、オレンジ）のアロマの導入により、売り上げが48%の伸び（Hirsch, 1995 I]）〕。

この手法は皆さんも体感されたことがあると思いますが、日本でもファッション、インテリアなどのショップで、今多く取り入れられています。

また、100年以上続く某老舗ホテルでは結婚式を検討中の見込み客に対し、オリジナルアロマを同封し資料を送付したところ、1年で100組以上の婚礼実績がアップしました。さらにこちらのアロマを販売したところ、「香り」を目的に訪れるお客様も増え、客数とリピート率をアップさせることに成功したのです。

このように、市場でどのような香りに人は好意をもつのか、自社の世界観を演出するにはどうしたらよいのかなど、香りが人へもたらす効果を分析し、それ

タワーマンション販売センター

に基づいて施策を打つという、香りに関するマーケティング事業を展開している企業はここ10年で、非常に増えていることを、現場にいる中で実感しています。

つまりこれからますます香りに関する仕事も増加していくと考えています。

アロマ空間デザイン例Ⅰ 展覧会

アロマ空間デザイン、演出を行った具体的な例をひとつあげてみます。

皆さんは、兵庫県立美術館と東京上野の森美術館で開催された「怖い絵展」を覚えていらっしゃるでしょうか。この展覧会は観客動員数が40万人を超え、社会現象とまでいわれるほど評判になりました。連日2時間待ちの長蛇の列は当時テレビでもその様子が放映され、関連グッズも多く販売されました。

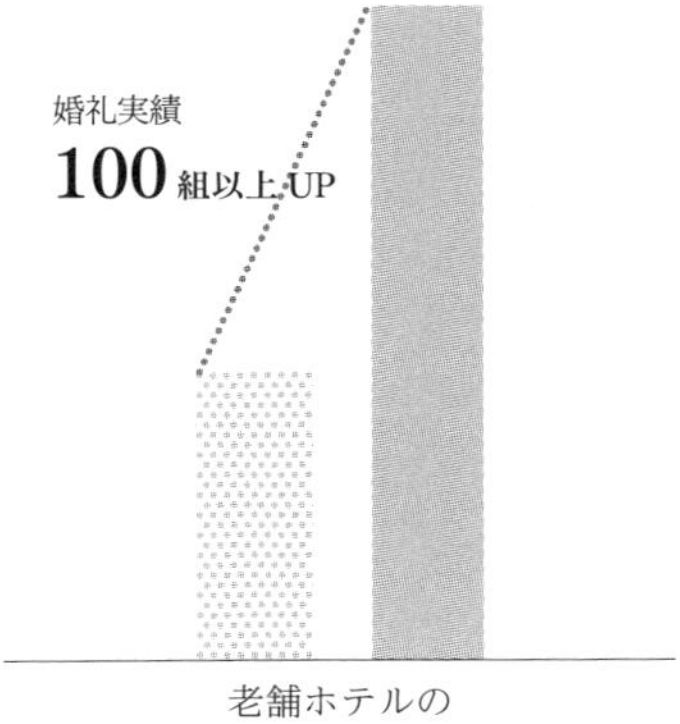

老舗ホテルの
婚礼実績

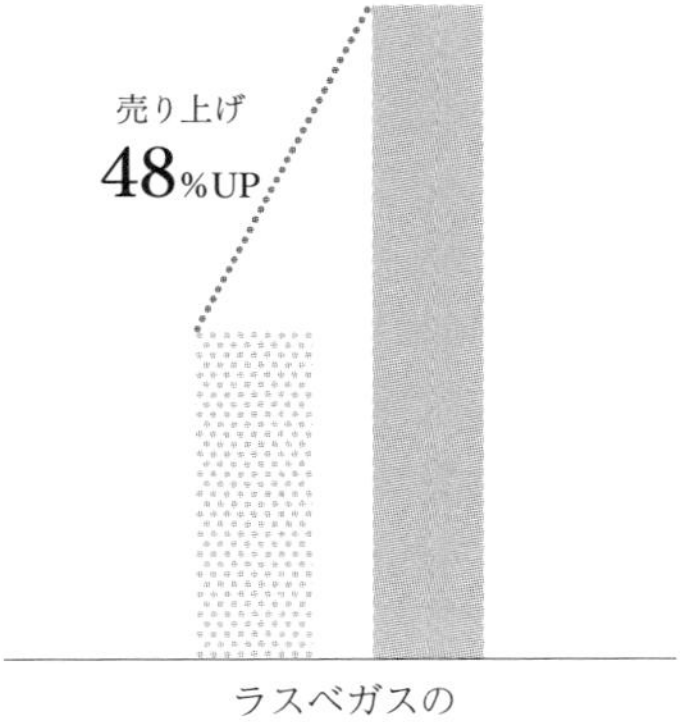

ラスベガスの
カジノの売り上げ

私はこの怖い絵展から起草するさまざまなイメージをもとに、2つの場で、香りのプロデュースをさせていただきました。

①プレス発表会

怖い絵展のメイン展示となる絵画ポール・ドラローシュの「レディ・ジェーン・グレイの処刑」をイメージしたアロマ空間演出（大型ホテルにて）を行いました。またプレスキットの中に、香りのムエットを入れて配布しました。

②展覧会のミュージアムショップ

「怖い絵」展から起草した3つの香りを創作し、オーガニックアロマミスト、アロマブレンドオイルを販売しました。

「レディ・ジェーン・グレイの処刑」は、イギ

リスの過去の歴史、権力闘争と宗教対立という時代の荒波に翻弄され、本人の意思とは関係なく、女王としてまつりあげられた15歳の少女を題材に描かれました。9日後には反逆者として投獄され、のちに断頭台で散っていったはかなくも劇的なシーンが描かれた大作です。

この香りをつくってほしいとオファーをいただいたときに悩んだのが、この歴史的にもとても意味のある絵をどうやって香りで表現するか、ということでした。

まさにアート性、そのものという部分だったわけですが、これまでにはない絵画というテーマは難しさと同時に、チャレンジしがいのある非常に濃い創作時間でした。

「イギリスの至宝」と呼ばれる、イギリスにとっては誇りであり、数奇な歴史をくぐり抜けてきたこの絵画が描写しているものは、見ただけでは汲み取れないものがあります。その見えないものをどのように香りで表現をするか。

まずは当時の歴史を調べ、書籍を読み、この断頭台に導かれる15歳の少女のはかない一生を追いかけました。絵画の中で描写されている服装、お付きの者たち、処刑人、道具、断頭台の下に引かれている藁、そして冷たいであろう土。そんなものを想起できるものは何か、を香りになぞらえて考えました。

精油の選定をしながらも、行き着いたのは「主役は絵画そのものである」ということでした。

香りは、あくまでもその主役を引き立てる額縁のような存在であること、つまり邪魔をしてはならない。そう考えたのです。

これはこの怖い絵展だけではなく、パーソナルの香りや、空間演出においては常に考えていることです。風のようにさらっと流れる。けれど確実に存在して、心や身体に何かを伝えることができるもの。それが私にとっての、香りのあり方なのです。

ちなみに香りをつくるときには、そのテーマやコンセプトに合わせた音楽をかけることが多いのですが、このときもクラッシックを流しながら、五感すべてを研ぎ澄ませて、集中して、言葉を紡いでいったのを覚えています。

でき上がった香りを担当者へお持ちして確認していただきました。「とてもいいですね」と評価をいただいたときは、ほっと安堵の思いでいっぱいでした。

もう2年前の展覧会になりますが、いまだにこのときに販売していた香りを再購入したいという連絡をいただくことがあります。

アロマ空間デザイン例Ⅱ　ＩＴ企業の展示会

もうひとつの事例は「株式会社 UZABASE」というＩＴ企業の製品の香りをつくったと

きの話です。このクライアントは、まさに今、成長をし続けている企業で、いくつものサービスを展開されていますが、中でもその会社を代表する「SPEEDA」というサービスを展示会へ出展するために、香りの演出を検討したいというご相談でした。

この場合、まずは企業にヒアリングを行うところから香りのデザイン作業が始まります。「30のパレット」と呼んでいる、企業法人向けに構成される特別なヒアリング項目を使用して、企業の歴史となる沿革、哲学、考え方などを含めたキーワードの抽出を行います。

そのあとそれに基づき、香りの設計を行い候補となる3つの香りを完成させました。

いよいよ、判断いただく時間になり、責任者の方お二人が選んだのは、同じ香りだったのです。製品のイメージと香りが合致した瞬間です。

このように香りにはイメージという表現力、

描写力をもつ力があります。この部分の設計図を丁寧に描いていくことで、アート性という部分でもきちんと伝わり、評価をいただくことができるのだと思います。

一見、アロマとＩＴという異なる業種のように感じる業界ですが、感性に寄った製品・企業だからアロマが合う、とか、機械やＩＴのような無機質なものだから合わない、といったイメージはあくまでも主観的なものです。

私は、他の業界、他の業種だからこそ、おもしろい相乗効果や、考えてみたことのなかった化学変化を生むと思っています。もちろんやみくもにではなく、そこに至るまでのプロセスは正しい手順が必要であるとも思います。こんなふうに、いろいろな業界と仕事ができたら、アロマの魅力ももっと伝わり、もっと広がると思いませんか？

アロマ空間演出のプロセス

ここで、アロマ空間演出のご依頼をいただいてから、納品するまでの具体的なプロセスをご紹介していきたいと思います。

これまで１００以上の法人企業のアロマ空間演出を行ってきました。特に、この5年はその数もぐっと増えています。このような流れがある中で、皆さんもアロマセラピーの分野ではまだ珍しい「アロマ空間演出」という仕事について、聞いたことはあっても、実際の現場の話はなかなかわからなかったのではないかと思います。

アロマセラピー業界全体を見たときに、この新しい分野のことを知って「こんな仕事をしてみたい」という新しい気づきとなって、アロマセラピストの新しい仕事になることや、クライアントの側から見て「仕事として依頼したい」という新たな興味になればと心から願っています。

なお、クライアントが個人サロンの小空間の場合や、ホテルや大型マンション、コンサート会場やオフィスなどの大空間の場合など、さまざまな大きさや目的があると思いますが、空間の大きさやそこに滞在する人の目的が異なったとしても、香りをデザインしていくプロセスは変わりません。

アロマ空間演出導入までの流れ

①お問い合わせ

TOMOKO SAITOのサイトを見てご興味を持ち、ご連絡をいただく場合と、個人や企業からご紹介などでご連絡をいただく場合があります。

法人企業が香りをつくりたいという理由は、自社のブランディング、イメージアップ、香りで印象づける、といった内容でのご依頼が多いです。

私のサイトでは、アロマ空間演出の実績を常にアップデートしています。実績内容も、常設の空間デザインから、イベントの演出、また物販と組み合わせたご提案など多岐にわたります。そこをご覧いただいてお問い合わせをいただくことが多いようです。

第４章のアロマ空間実績の中で、parkERs様、ノーガホテル様から、導入したご感想をお客様の声としていただいています。そちらも参考になさってください。

②打ち合わせ

クライアントとの打ち合わせは、はじめから先方の担当者、責任者を含めて行うことが多いです。導入の目的、プロジェクト内容、規模感、実施時期など具体的なお話を伺います。

依頼をいただくクライアントは大きく２つに分かれます。

・「香りに興味があるけれど、アロマ空間ってどういうもの?」といった、香りについての前知識がなく、一から打ち合わせを希望しているクライアント（企業）

・「こういうプロジェクトの計画があるので、こういうふうに香りを使いたい」など、ある程度のイメージができているクライアント（企業）

いずれにしても、計画と同時進行で、アロマ空間演出全般の工程を進めていくことが多くなります。クライアントの目的をきちんと理解して、最適な香りのご提案をすることが大切です。

私は香りをつくる部分においては、クライアントがウェディング関連企業だった場合、その業界の理解に努めて勉強をします。それがＩＴ企業であった場合、ＩＴ市場をどこまで理解できるか、またしようとするか、こういった姿勢も法人企業と取り組むときの大切な姿勢のひとつです。

③ヒアリングと現地下見

先方の目的や概要を聞いたら、次に必要なのは、アロマ空間演出に必要となる「香りのデザイン（香りの設計図づくり）」のための情報収集です。

私はこれまでの経験を通して、ヒアリング事項と香りづくりの方向性をリンクさせる「30のパレット」というオリジナルのヒアリングシートをつくっています。これをひとつひとつ聞いていくことで、香りづくりの基本構造を汲み取ることができ、コンセプトやキーワード、数字の部分などが明確になります。お互いの認識のズレを避けるうえでも大切な工程です。

また、可能な限り下見をします。広さ、高さ、空調、設置場所など、空間の確認を行うことは、導入後の現場のオペレーションを含め、とても重要なポイントとなります。

④香りのデザイン作成（香りの設計図づくり）

打ち合わせ内容とヒアリングシートを照らし合わせながら、香りのデザインを考えます。クライアントを理解し、プロジェクト現場を知り、担当者の意向を汲み取った情報を香りの設計へ落とし込んでいきます。

ここでひとつポイントがあります。企業ブランディングというのは、外のお客様向けでありながら、実は香りに一番長く接するのは、中にいる社員の方であるということです。その点も踏まえて、香りのコンセプトのまとめや精油の選定を行う必要があります。

先にお伝えしたとおり、調香は基本的に午前中に行い、その後の香りの変化も確認します。

⑥プレゼン資料・お見積書

クライアントから予算の提示がある場合は、その中で材料費、人件費、交通費、などを検討しますが、予算提示がない場合もあります。この場合、コンペとなることもあります。今までの経験を最大限に活かして香りをつくり、クライアントのために提案すれば、自分たちの見積もりが他社より高くても、採用されることも多々あります。これこそ、選ばれるアロマ調香デザイナーに求められる大切な部分であると思います。

私も、毎回この一瞬、一回のために、ブレンドを繰り返し、技術の向上に注力しています。

⑦導入

いよいよ現場にセッティングします。時間、噴霧量をセッティングしたら、噴霧をスタートします。しばらく滞在し、香りの広がりを確認します。

芳香器の選定

アロマ空間演出には、業務用の芳香器（ディフューザー）を使います。

私が業務用として使用しているものは、

・大型ティフューザー　（200㎡超）
・ミドルディフューザー　（100㎡）
・ミニディフューザー　（40畳くらいまで）

の3つを使い分けています。

またこのほかには紙のムエットを使ったもの、リードディフューザー、家庭用ディフュー

第3章　アロマ空間演出

115

ザーなどさまざまなタイプがあります。目的と、空間のサイズ、また芳香器のパワーなどを鑑みて、空間にあったサイズを選定し、設置を行います。

最後は、運用がスタートしたアロマ空間演出がイメージどおりかそうでないか、あるいは調整が必要であるかを、どのように判断したらよいか？　という点も検討します。

ディフューザーの設定を行い（これまでの経験値から初期設定を行います）噴霧を開始します。30分～1時間後の噴霧状況を確認して、香りが空間にイメージどおりに拡散しているか、そうではないか、香りが届く範囲を含めての確認を行います。

受付付近は扉などもありますので、扉があいたときに外の風がどのように影響を受けるか、という点や、人が通ると、人とともに香りも移動しますので、導入後、特に最初には実際に定点観測を行い、現場の流れを確認することが大切です。

三井不動産レジデンシャル販売センターに設置したディフューザー。
インテリアを損なわないよう、グリーンの中に置く。

第4章

アロマ空間演出の現場から

これまで私が携わってきたアロマ空間の演出やプロデュースをしてきた数は100社を超え、多いときには月に10件の案件を進めることもあります。個人のサロンから、大企業のオフィス、イベントなどそれぞれに特徴があり、目的があります。それに合わせて、最適なアロマ空間をつくることが必要になります。

それぞれの空間ではどのようなことがポイントになるのか、事例をあげながら、ご説明します。

小空間

40畳（66㎡）くらいまでの空間をいいます。個人サロン、歯科医院や耳鼻科、産婦人科などの病院、住宅販売、モデルルーム、企業のエントランスなどが対象となります。

小さめの閉じられた空間の場合、香りが早く充満するため、ディフューザーのサイズ選びと噴霧量も鍵となります。

木村硝子店

業　種　ガラス製品の製造販売
場　所　東京都文京区
設置場所　木村硝子店直営店

キーワード

透明感、凛とした、繊細さ、やわらかさ

ブレンドレシピ

レモン、グレープフルーツ、ユーカリラディアータ、メリッサ、パインなど

ポイント

私のオリジナルブレンド「VOYAGE」の発表会や、周年パーティで、木村硝子店のワイングラスを使った展示、「香りの乾杯」をきっかけに、その使い方がおもしろいと言っていただいたことから、木村硝子店直営店で、香りの個展「3日だけの香りの美術館」をさせていただくことになりました。

香りに合わせてグラスを選び、その形と、香りのコンセプトから「木村硝子店の香り」を作成。凛とした美しさと、透明感をテーマに香りを制作しました。特に、同じ香りをムエットにしみ込ませ、形の違うグラスに入れて香りを嗅ぐという試みは、香りの感じ方が全く

変わると、来場者から非常に好評でした。グラスの形がもたらすデザイン性と機能性の違いを、香りによってわかりやすく表現できたと思います。

その他、オリジナルのVOYAGEシリーズ（TOKYO・KYOTO・PARIS・MILANO）の展示や、高知から貴重な国産ベルガモットの果実を取り寄せ、精油とともに、香りのもとと精油の香りを比べる展示や、ブレンドオイルをバラバラに見せて、それぞれの香りを体感する動画と空間展示を行い、こちらも来場者に新たな発見を提供しました。

この展示会では3日間でのべ250名近い方が来場してくださいました。香りの個展、という新しい試みとともに、木村硝子店に新しいお客様をお呼びすることができたという意味でも、結果を出す仕事として大切なポイントになっています。

同じグラスに入れた、種類の違う芳香系のバラの嗅ぎ比べ。

同じアロマブレンドを違うグラスに入れて香りの立ち方を比べる。
ワインのように香りが違う。

TAKAHASHI

業　種　ヘアー&スパ　美容室
場　所　東京都港区
設置場所　エントランス
キーワード　水、洗練、モダン、イタリア、オーガニック
コンセプト
美容室の商材の匂いに消されないこと。六本木という場所柄、大人のお客様が多いので、落ち着いた香りを重視してほしい。
ブレンドレシピ
ベルガモット、グレープフルーツ、ユーカリラディアータ、パイン、ホーウッドなど
ポイント
オーナーは、美容以外のファッションやインテリアにも多くの知見を持ち合わせ、香りについても香水へのこだわりをもっておられ、香水と天然精油の使い分けや、香りづくりにおいても、繊細な変化も感じ取り、一緒に香りをつくったという感が強い取り組みになりました。
天然の木の香りのよさを感じていただけるよう、数種類を重ね、これまでの美容室らし

い印象を変えるアロマブレンドを心がけました。美容室が持つ特有の匂いとの調整が一番の課題でしたので、導入後も、ディフューザーの配置、香りの調整を数回実施しました。

こだわりのスパルーム。

木やグリーンを使った、シンプルでモダンな店内。

中空間

１００㎡くらいまでの空間をいいます。店舗、マンションエントランス、オフィス、イベント会場など、さまざまな場所があります。平面の広さだけではなく、天井高もある場合が多いので、ディフューザーの配置と、風の流れが重要になります。また、業務用ディフューザーが複数必要な場合もあります。

業務用ディフューザーの場合、噴霧の時間設定ができるものになるため、導入後のオペレーションはかなり楽になります。業務用の場合は消費する精油量もあらかじめテストしておくなどの事前準備もしておきましょう。

マンション販売センターの受付、ラウンジ。建物の印象を決める大切な空間。

怖い絵展

業　種　美術館・展覧会

場　所　上野の森美術館　ミュージアムショップ

設置場所　プレス発表会（ホテル）・ミュージアムショップ（美術館併設）

コンセプト

「レディ・ジェーン・グレイの処刑」から起草される香りと、ミュージアムショップでの販売（アロマスプレー、アロマブレンドオイル）

ブレンド

グレープフルーツ、レモン、ユーカリラディアータ、スイートマジョラム、ブラックペッパー、フランキンセンスなど

ポイント

これまで一般的には、作品に匂いが移るという理由から美術展や展覧会では「香り」はご法度でした。しかし主催者の前衛的な提案より、ミュージアムショップで「レディ・ジェーン・グレイの処刑」をイメージした香りを焚き、「怖い絵展」をイメージした3種類のブレンドオイル、スプレーも販売。入荷のたびにすぐに売り切れになるほど好評をいただきました。

昨今はルーブル美術館×BULYによる、美術作品から着想を得たイメージを香りにするということも行われていますが、当時としてはこの演出は非常に斬新であったと思います。

この本邦初の同展の代表作「レディ・ジェーン・グレイの処刑」の香りづくりでは、この絵の歴史から文献で調べて香りの組み立てを行いました。

「怖い絵」といっても、見た目が怖かったり、残酷であったりするわけではなく、その絵が描かれた時代背景や隠された物語を知ることで、次第に〝恐怖〟が湧いてくるというものでした。作品を見て、いろいろと感じた気持ちをフワッとほぐすような香りにし、「怖い絵」展の最後の印象がよくなるようなイメージを意識しました。

反響も大きく、SNSに投稿したときにも、美術関係の方から「アロマを売るなんて珍しいですよね?」というメッセージや、「絵を見て頭の中にいろいろな思いがパーっと巡っているときに香りがふっときてぴったりだった」「絵の印象が強まった」などの感想をいってくださる方もいて、香りの効果を実感しました。

会期中販売し、大好評を博した「怖い絵展」の香り３種。

BoConcept Japan（株式会社ボーコンセプトジャパン）

業　種　外資系家具メーカー
場　所　東京都港区
設置場所　オフィス、エントランス、ショールーム、レセプションパーティー
コンセプト
　ヒュッゲ、北欧、洗練、モダン、五感
ブレンドレシピ
　ベルガモット、スイートマジョラム、ヒノキ、スプルースブラック、ベチバーなど
ポイント
　1952年にデンマークで生まれたプレミアムライフスタイルブランドで、60カ国以上に300店舗以上を展開されるBoConcept様が、B to C（個人向け）だけでなく、法人事業部立ち上げの際、1000人規模の新事業のプレス発表会とレセプションパーティでのアロマ空間演出の依頼をいただきました。
　美しく洗練されたブランドイメージを確立するために、何度もマーケティング担当者と打ち合わせを行い、一緒につくり上げた香りです。
「ヒュッゲ」が香りのテーマとなっていますが、ヒュッゲは家族や仲間たちと一緒に過ごす、

居心地のいい空間や時間のことを表す言葉で、北欧の長い冬を快適に過ごす、室内インテリアへのこだわりも表現されています。キャンドルのようなあたたかみと、森に包まれているような安心感の中で、親しい人と過ごす空間。そんなところをイメージして香りをつくりました。

この香りを気に入っていただき、現在は本社オフィスにも導入していただいています。４階のヘッドオフィスも、地下１階にあるショールームと複数の会議室、どれも北欧家具のやわらかさとモダンさを併せ持つ、洗練された空間です。

北欧モダンで心地よい、大人のインテリアスタイル。

parkERs（株式会社パークコーポレーション）

業　種　空間プロデュース、室内空間デザイン

場　所　東京都港区

設置場所　オフィス、マンション、大型公共施設、屋外（空港、丸の内など）

コンセプト

「日常に公園のここちよさを」

ポイント

朝・草露、午後・木漏れ日、夜・樹陰、という公園を流れる時間を、香りで表現しています。オフィスでの空間演出のほか、parkERs 様の空間デザインにもこの香り展開をしていただいています。

キーワード

草露、木漏れ日、樹陰

ブレンド

グレープフルーツ、ベルガモット、スイートマジョラム、ヒノキ、ホーウッド、ベチバーなど

ポイント

「日常に公園の心地よさを」をコンセプトに、植物があふれるオフィスや店舗、カフェといった施設や、空港、駅などの公共施設の空間デザインを手がけられています。

夜の冷たさが残る公園の一角をイメージした「草露」、昼過ぎの木漏れ日あふれる公園をイメージした「木漏れ日」、日が陰り始めた夕方の公園をイメージした「樹陰」の3種類を制作しました。これは青山フラワーマーケットの店舗やパーカーズのオフィスにも取り入れられています。

社員の皆様と、何度も打ち合わせ、ヒアリングを行い、調整を繰り返し、こだわりの3種類ができあがりました。

今は、この香りをparkERs様の空間デザインとともに、クライアントへご提案をいただくなど、全国のさまざまなオフィス、マンション、空港などでparkERsの香りが香っています。

クライアントの声（株式会社パークコーポレーション　parkERsブランドマネージャー梅澤伸也氏）

「自然への造詣、人に対する価値観、ものごとのとらえ方、香りに対する姿勢に共感をおぼえました。イメージを現実に近づける方向へ昇華しながらも、我々のデザインする空間の中で、主張しすぎず、心地よい最適解のバランスが生み出せる感性の持ち主だと思います。

お客様も、想像以上にお喜びになります。植物が入ることでのビフォー、アフターでも感動を与えますが、視覚的以外の要素でプラスαの効果があり、相乗効果で感動を与えてくれます。実は今まで10人以上の調香師さんとお会いしてきましたが、自然環境に敏感なスタッフの多い弊社で、誰一人意義を唱える者がいなかったのは齋藤先生だけでした。今後、五感の中で、大脳辺縁系に唯一直接作用する香りを有用に扱い、弊社のエビデンスとかけ合わせることで、人の無意識を刺激するようなことができるのではないかと考えています」

グリーンがイキイキとしているオフィス。

定期開催している青山フラワーマーケット TEA HOUSE での香りと花のイベント。

緑、水、風、光、香りなど、五感に訴えかける心地よい空間。

株式会社ユーザベース

業　種　ＩＴ企業
場　所　東京都港区
設置場所　展示会会場（東京ビックサイト、幕張メッセ）、オフィス

コンセプト
知的洗練、intelligence、stylish、high end

ブレンドレシピ
レモン、グレープフルーツ、ユーカリラディアータ、スプルースブラック、ラベンダーなど

ポイント
「経済情報で、世界を変える」をミッションに掲げる、株式会社ユーザベースの主力製品「SPEEDA」の展示会出展で香りをご提案しました。「SPEEDA」の世界観などをお聞きし、ヒアリングシート「30のパレット」を通して香りをつくり、ご提案いたしました。
intelligence、stylish、high endという明確なコンセプトがあるため、知的、洗練、最上級という言葉にふさわしい香りを選び、組み立てました。展示会のブースのカラーが黒、白というスタイリッシュであることもポイントのひとつとなっています。世界観を壊さな

い香り、という部分はかなり意識をしたところです。

会期中はお客様にもご好評をいただくとともに、ブース内で活動する社員の皆さまの気分転換を含むモチベーションアップに貢献していると評価いただき、継続的にご利用いただいています。

広い展示会会場でも目を引くブースのデザイン。
ここに香りが入ることでプラスαの相乗効果がある。

大空間

ホテル、展示会場、美術館、コンサートホール、ふきぬけのあるビルエントランスなど、200㎡を超える空間です。大型サイズのため、噴霧量、香りの方向などすべてにおいて細かくチェックを行ったうえで配置も決定していきましょう。

人の動線や空調の向きなどにより精油をむだに消費することになります。また、ホテルのバンケットホールや結婚式場のように天井高がある場合は、サーキュレーターなども使って循環させる仕組みも必要です。

まずは現場を見て、どのくらいの広さでどのように香りを噴霧しているかなど、体験してみることはとても勉強になります。

のびやかな心地よい吹き抜けのダイニングスペース「BISTRO NOHGA」。

NOHGA HOTEL ueno（野村不動産ホテルズ株式会社）

業　種　ホテル
場　所　東京都台東区
設置場所　レセプション、ラウンジ、フィットネスルーム、化粧室
コンセプト
　地域との深いつながりから生まれる素敵な経験
ブレンドレシピ
ユズ、グレープフルーツ、オレンジスイート、ユーカリラディアータ、スイートマジョラム、ホーウッド　など
ポイント
　野村不動産グループが商品開発、サービス提供をするホテルで、今後は秋葉原他で事業展開を予定されています。北欧のシックでやわらかい雰囲気と、選び抜かれたアートやスタイリッシュなデザイン家具、調度品などひとつひとつ吟味されて配置されている居心地のいい空間です。
　今回のお話は、いくつものアロマ関連企業の中から私の香りをお選びいただきました。香りのコンセプトも、何度も打ち合わせを重ね、ホテルのこだわりと、提供されるサービ

スなどを踏まえ、上野の芸術や文化、また歴史ある職人の街でもあり、海外のゲストも多い土地というところから、和の香りと、北欧の森林を組み合わせた香り、という香りを軸に組み立てました。

「＃1」というオリジナルの香りは、レセプション、ラウンジ、化粧室でご利用いただいています。一緒に納品させていただいているアロマミストも好評いただいています。なお、オープン2年目の2019年11月からは「交流の場」「賑わい」のイメージをプラスした香り「＃2」を展開しています。

クライアントの声（野村不動産株式会社　ホテル事業部　課長代理　中村泰士氏）

「天然精油にこだわった調合を行なっていることが、ナチュラルなものを使うNOHGAのコンセプトに合っています。何度も打ち合わせを重ね、香りに対する情熱を感じました。香りのみならず、齋藤さんと話しているときの気遣いやあたたかさなど、場の雰囲気をとても居心地よくしてくれる人柄も決め手になりました。

ユズの爽やかさとヒノキの落ち着きのある香りが特に評判で、海外、国内のゲストから、爽やかで安らぎのある香りだとたいへん好評です。アロマミストは販売しているギフトの中でも1、2を争う人気。今後は、階数によって香りを変えたり、スタッフに向けて、事務所内で仕事のパフォーマンスが向上するような香りも導入していきたいと思います」

2階のラウンジは北欧家具でゆったりくつろげる。

各部屋の家具もそれぞれ違い、こだわりが感じられる。

日本橋一丁目三井ビルディング・COREDO日本橋(三井不動産株式会社)

業　種　商業施設併設オフィスビル

場　所　東京都中央区

設置場所　オフィスタワーコミュニティスペース

キーワード

日本橋、水の町、和、歴史、コミュニケーション

ブレンドレシピ

ユズ、オレンジスイート、ユーカリラディアータ、ヒノキ、ホーウッドなど

ポイント

ものづくりの伝統や西洋の文化が行き交う「水の町」に立つCOREDO日本橋。このオフィスに入居されている国内外の企業の皆様にも受け入れていただけるような和と洋を合わせた香りを制作しています。

日本橋といえば、老舗の名店も並ぶ商人の町。伝統あるものづくりの精神や、西洋の文化が行き交います。この日本橋一丁目三井ビルディングのオフィスビルには、およそ2600名のオフィスワーカーが入居する場所になっています。このビルの12階には「OASIS」という名前のついた共用部スペースがあり、約560㎡の広さのもと、ここで

働く人々が訪れる場所になっています。

こちらには働き方改革、健康増進、利便性向上、館内交流の促進。という4つのテーマを促進する機関として、オフィスワーカーの有志による「ＯＡＳＩＳ運営委員会」が設けられており、10名以上の委員会の皆さんとともに、香りに関する協議を重ねて進めました。会議では、テーマ出しを行い、この場所を表現するキーワードは何であるか、またテーマは何であるかなどのヒアリングを行い、香りをいくつかご提案して、最終的に現在の日本の木と柑橘類を重ねた香りに決定しました。

また、空間演出とは別に、季節ごとに「アロマの夕べ」という、香りとお酒（ワイン、日本酒など）とのペアリングを楽しむ会を開催させていただいており、男女問わず多くの方にご参加いただいています。

560㎡の大空間。外資系・国内企業のオフィスワーカーが集う場所。

第57回イタリアミラノサローネ Milano Design Week　(Panasonic)

業　種　電気機器

場　所　イタリア ミラノ

設置場所　ブレラ絵画館

キーワード

TRANSIONS（遷移）、100年、五感、体験

ブレンドレシピ

オレンジスイート、マンダリン、ユズ、ヒノキ、パイン、スプルースブラック、フランキンセンスなど

ポイント

パナソニック創立100周年ミレニアムイヤーの、記念すべきミラノサローネでの展示会での空間噴霧。パナソニックデザインは今回のインスタレーションを「TRANSIONS（遷移）」というコンセプトで展示を表現することを試みました。

「『ミラノで一番きれいな空気』というテーマで香りをつくってください」と、プロジェクトリーダーの方から説明いただきました。これまでの目に見える有形のものづくりから、無形で目に見えない体験のデザインこそ大切になる、というお話から今

回の香りづくりを考えました。

日本らしさ、そして新しく生まれ変わる、という世界観を表現し、試作を重ね、５つの香りを提案し、現地でアンケートをとりました。その結果をもとに、１週間前から現地入りをして香りの調整を行いました。

ご協力いたしました、２０１７年、２０１８年と、続けてミラノサローネデザインアワードを受賞しました。現地メディアでも大きく取り上げられ、五感で体感する空間には連日２時間以上待ちの行列が出るほどでした。

この展示では、香りのデザインや演出はもちろん、精油の税関手続きや、英文書類の手配など、通常のアロマの仕事では体験することがない経験をすることができ、達成感のある仕事になりました。

ミスト、香り、音、映像を使った、
母の胎内にいるような感覚になる空間。

第5章

香りを表現する

見えない香りを表現する力

ミラノ・サローネ（ミラノデザインウィーク）で協力させていただいたPanasonic Designのデザイナーが、公式のYou Tubeチャンネルで、こうお話しされていました。

「今年パナソニックは創立100周年であり、次の100年の革命のはじまりの年です。パナソニックデザインは、今回のインスタレーションを『TRANSIONS（遷移）』というコンセプトで展示を表現することを試みました。

これまでのものづくりは、目に見える有形のものが主流でしたが、これからは目に見えるデザインだけではなく、無形で目に見えない体験のデザインこそ大切になってくる、そこから今回の展示になりました。

『技術に新しい文脈を加える』という、デザイナーにとっての新しい挑戦から、私たちはよりよい世界の実現を目指します」（～Air Inventions―空気の発明―ミラノサローネ2018　デザインインタビュー～より）。

このメッセージにある「目に見えない体験をデザインする」。

これまでは、目に見えるものがわかりやすく、使いやすく、宣伝しやすく、選ばれやすい……これが世の中の判断、購入の基準でもあったと思います。

この方がいうように、人が何かを体験するということに対しての欲求はさらに増し、「ものづくり」という分野でも、10年後20年後にはこういった価値観が当たり前になっている時代がくると思います。だからこそ、その未来に向けて、今できることに挑戦し、積み上げていくことも必要だと考えています。

私はこのミラノサローネで経験させていただいた、見えないものを表現すること、またそのチャレンジを世界の方が感じて、認めて、さまざまな言葉をかけてくださったこと。これは私にとってとてもうれしく、非常に光栄なことでしたし、次の創作への意欲となっています。

そして今でもあの空間はリアルに思い出すことができます。香りの力ってやっぱりすごい、そう思います。

もともと目に見えない香りの世界。

香りを表現する方法や、その伝え方も時代とともに変わっていくと思いますが、私たちも変化を恐れず、より物事の本質をとらえながら、香りを使った新たな挑戦をし続けていきたいと思います。

香りの空間演出の可能性

10年ほど前、商業施設やホテルなどで始まっていた「アロマ空間のデザイン、演出」に興味を持ち、アロマブレンドの学びとともに、アロマ空間デザインやディフューザーの取り扱い方なども習得して、アロマ空間デザイナーとしての活動を始めました。

知り合いのサロンや個人病院などに導入していただきましたが、個人で活動をしていた私にとっては、業務用ディフューザーを取り扱うということはとてもハードルが高く、二の足を踏んでいた時期もありました。

しかもこの頃、企業の担当者にお話をしたときにも「アロマがいいのはわかりました。でも匂いって嫌いな人もいますよね」と言われ、なかなか企業の受注に至るのが難しかったのを覚えています。

ですがここ5年でその様相はかなり変わってきたことを実感しています。事実、ここ10年ほど、私たち一般消費者は「匂い」というものへの知識、経験が増えてきています。

ある意味、香りが日常化したともいえるのではないでしょうか。理由はいろいろあると思いますが、そのひとつには、私たちの日常に「匂い」に関する製品が浸透したということがあります。

たとえば、洗剤や柔軟剤。雑誌やCMなどの影響も大きいと思いますが、大手外資系スーパーの大きな洗剤や柔軟剤のボトルをこぞって買い求め、多くの人が同じ匂いになった服を着ていた時期もありました。

もともと日本人は、匂いに敏感です。奥ゆかしさからか、無味無臭が好まれるのか、さらに多湿という気候も相まって、香水などをつけても、べたっと重くなってしまったり、揮発が遅くて香りのバランスが悪かったりと、香りをうまく使いこなすのが難しいという現実があります。

そんな中で流行った洗剤の匂いは、世の中にインパクトを与えました。いい意味でも、悪い意味でも「匂い」があることに慣れてきたように思います。

一時期、強すぎる香りのせいで、アロマまで「香害」などといわれることもありましたが、それを経て次に大切になってきたのは、「いい匂いとそうでないもの」という客観的な官能評価ではないでしょうか。

最近どれだけの人が「匂い」、そして常用している洗剤や柔軟剤に関心をもって検索しているのか調べてみました。「匂い」や「香り」の関連で、どのようなキーワードが、どのくらい検索されたかをGoogleトレンドを使って調べてみました。153ページのグラフは、Googleトレンドのグラフを大きくとらえて示したものですが、2010年頃から検索数が増加しているのが見てとれます。ほかにもここ10年ほどで増加しているキーワードが「柔軟剤」と「洗剤」です。

「匂い」「洗剤」「柔軟剤」どのキーワードも２０１０年頃から検索数が増えているのがわかります。実際に２００８年ごろ、海外の柔軟剤が一気にトレンドになりました。それに伴い、２０１０年以降のグラフ線は成長していきますが、波形はほぼ重なります。これが、「洗剤」「柔軟剤」が匂いと関係性が深いと考察できる理由のひとつです。

そしてもうひとつが、ストレスと睡眠のグラフです（１５４ページ）。

やはりここ10年で検索される数が多くなっています。ストレス緩和や入眠は、ご存知のように自律神経に働きかけることができる、アロマセラピーの得意とするところです。「ストレス」と「睡眠」の検索数の傾向はとてもよく似ていますが、やはり２０１０年以降、徐々に検索数が増えています。アロマによってストレス、睡眠の改善を図ろうという動きがあるなら、「匂い」のグラフの動きと重なっていることも偶然とはいえないでしょう。

適度なストレスではなく、ストレス過多の人や、パソコンやスマートフォンなどで脳が興奮状態となり、スムーズな入眠ができない方が非常に増えているのは周知の事実です。

そんなときにおすすめの精油をいくつかあげてみますね。

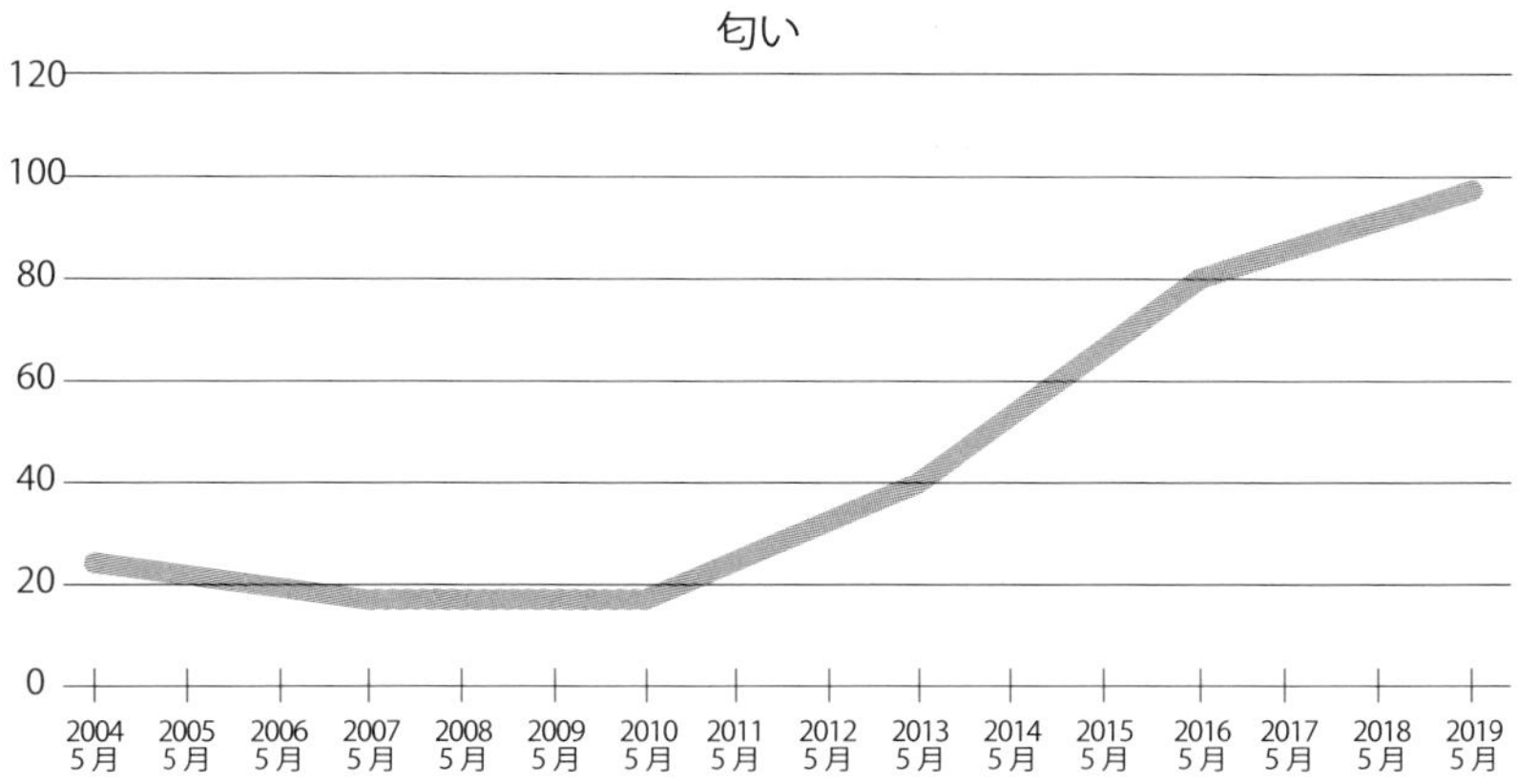
匂い
120
100
80
60
40
20
0
2004 5月
2005 5月
2006 5月
2007 5月
2008 5月
2009 5月
2010 5月
2011 5月
2012 5月
2013 5月
2014 5月
2015 5月
2016 5月
2017 5月
2018 5月
2019 5月

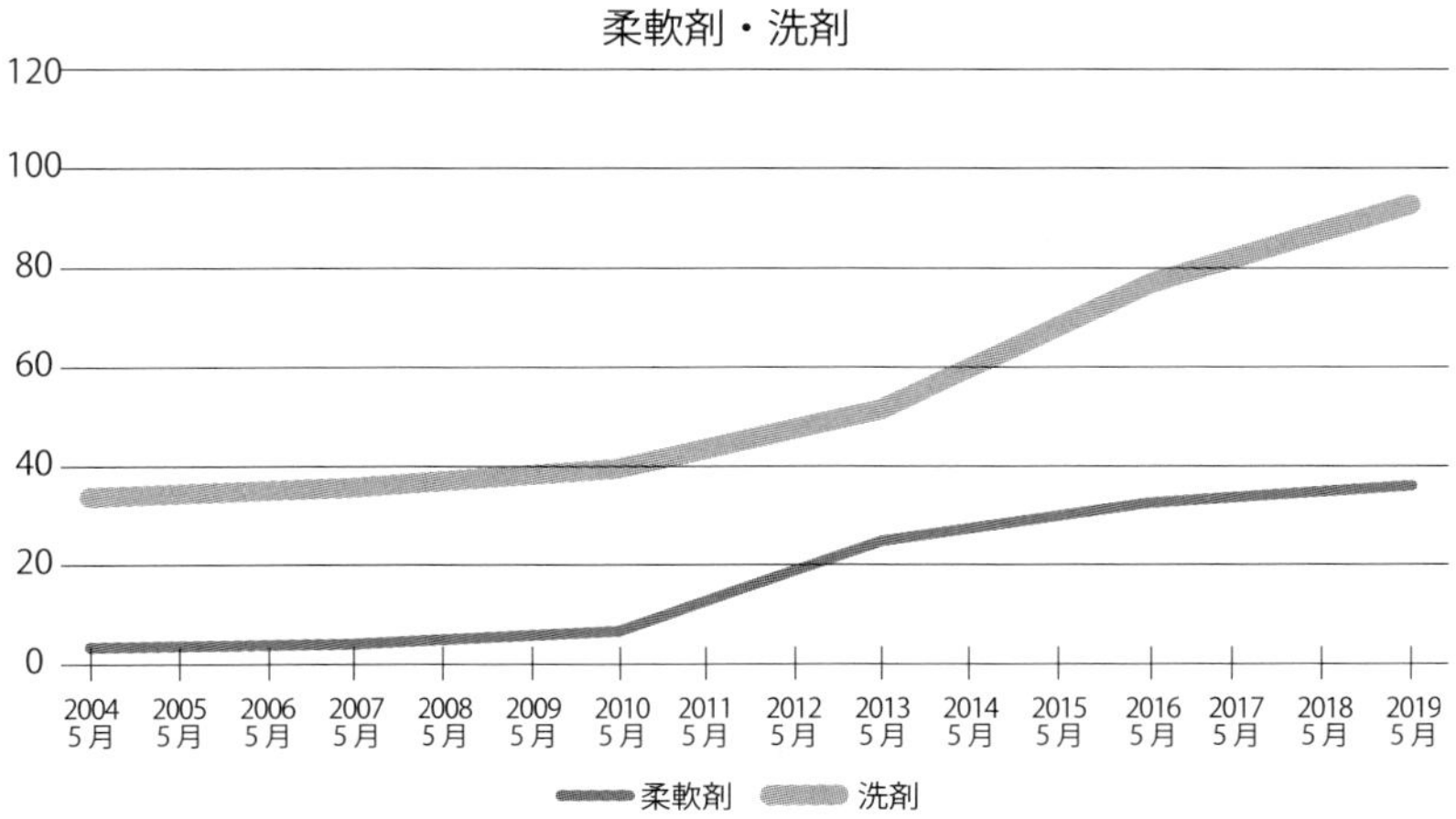
柔軟剤・洗剤
120
100
80
60
40
20
0
2004 5月
2005 5月
2006 5月
2007 5月
2008 5月
2009 5月
2010 5月
2011 5月
2012 5月
2013 5月
2014 5月
2015 5月
2016 5月
2017 5月
2018 5月
2019 5月
柔軟剤
洗剤

①ベルガモット、オレンジスイート、ユーカリディアータ、ラベンダー、クロモジ、フランキンセンス

②オレンジスイート、ユズ、スイートマジョラム、パルマローザ、サンダルウッド、パチュリ

どちらも穏やかな気持ちにさせてくれて、心身をゆるめ、呼吸を深くするブレンドです。書いているだけでホッとゆるむ、そんな精油たちです。

このように、匂いや香りに敏感になってきた人が増えている中で、私たちアロマ調香デザイナーが関わることができる仕事、また一緒につくっていけるようなプロジェクトも増えていくはずです。いい香りをつくるだけではなく、アロマを使って、アロマセラピストたちが活躍

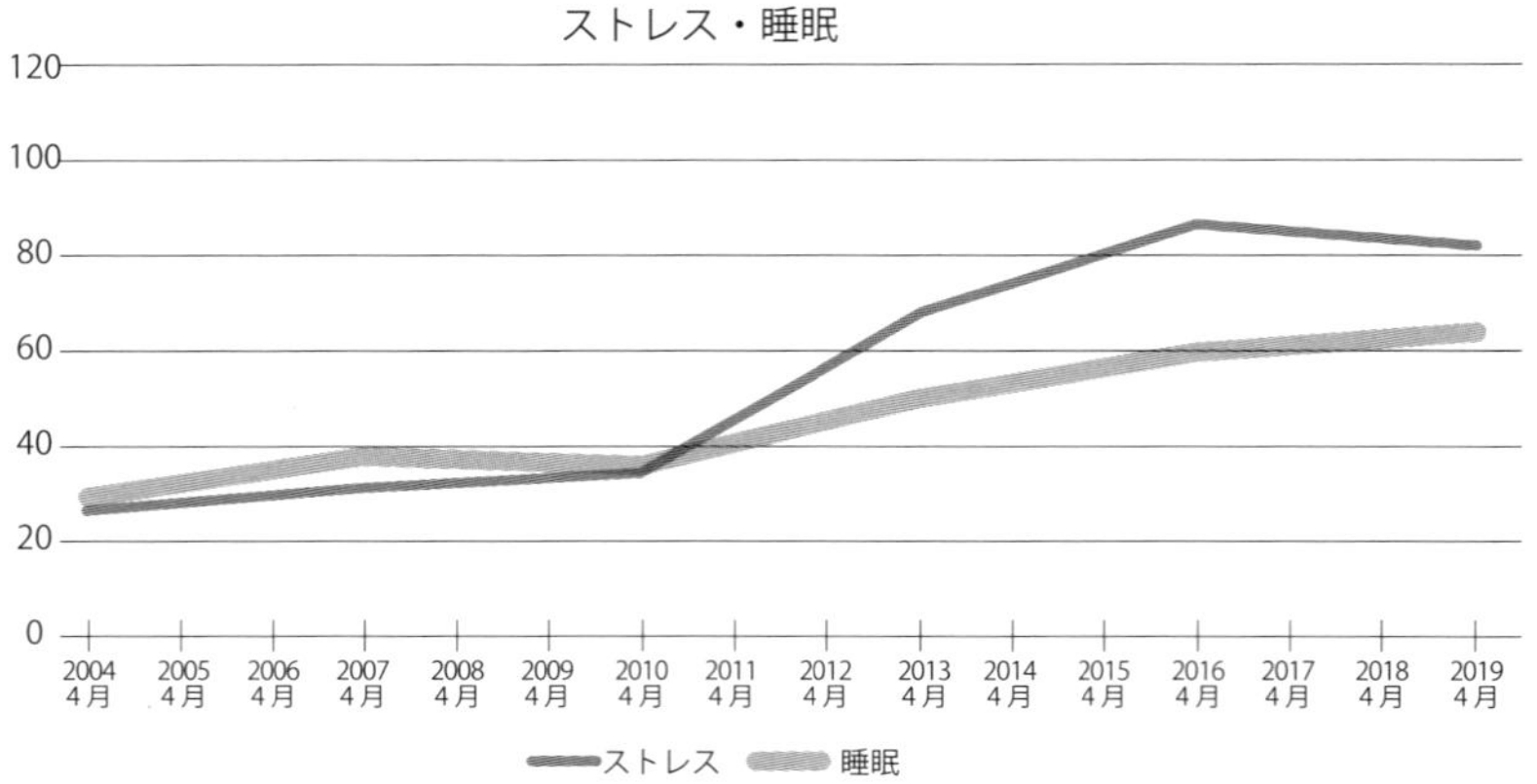

できる場を増やしていきたい、そう思います。

また最近は、アメリカと並ぶ経済大国になった中国市場も気になるところですが、中国ではGoogleではなく「百度baidu」という検索サイトが中国全土における最大手になります。これで調べてみると、中国市場での「aroma」は微増ではありますが、成長しています。中国でも香りの活用について、ニーズが高まっています。

私たちの協会にも中国の方からの問い合わせが来ることは珍しくありません。講座受講のために日程を合わせて中国からご参加くださる方もいます。そのくらい今は中国でもアロマを学びたいという方が増えてきているようです。

先にあげましたが、「匂い」があることに慣れると、次に求めるのは品質や、好き嫌いという評価です。アロマは一瞬で香りが脳に伝わります。だからこそ、これからは香りをうまく使うと、ものや場所の存在がさらに心地いいものとなり、いい印象を感じさせることが可能になります。

私自身がお仕事をご一緒させていただいている法人企業様も、ここ10年で本当に反応が変わってきました。

一昔前は「嫌いな人がいるから」といっていた企業も、今では「香りがあることで他社との差別化になる」「ブランディングとしてうちの会社に合う香りをつくってほしい」「来年の香りはこうしたいです」など、香りの内容に対して積極的にご要望をいただいたり、一緒につくり上げていったりする体制で、進められることが多くなりました。

それだけアロマを使っていただく機会が増えたということで、非常にうれしいことです。

その反面、「香りを導入した効果」についても、結果を求められることが増えてきました。アウターブランディングとして、企業のクライアント向けに展開する場面や、社内での働きやすさに関する施策に香りを使っていただいています。さらに、研修やコミュニケーションを円滑にするものとして、香りが使われることも増えてきました。

3章でも述べていますが、「アロママーケティング」としての視点も重要になってきています。香りをつくるだけでなく、「アロマ空間」をつくることの意味や役割を認識し、明確に提示していくことも、アロマ調香デザイナーとして活躍の幅が広がる一助となるでしょう。

香りの可能性

香りの可能性はまだまだ広がると思います。

多くの企業が取り組んでいるＡＩも、香りの分野で何か新しい試みがなされるかもしれないと楽しみにしています。ビジネスシーンでは、未来のオフィス、未来の会議室には、エアコンと同様に香りがコントロールできる機能が備わるようになると思いますし、本書でご紹介したBoConceptでは、会議室ごとに香りを変えたり、同じフロアでも場所ごとに香りをつくるなど、これまでにない新しいご提案を検討しています。

ほかにも、企業には企業のロゴがあるように、香りを新たなＣＩ（コーポレート アイデンティティ）のひとつに加えるといった話も始まっています。

本書で取り上げたNOHGA HOTELも創業から2周年を迎えるにあたり、2年目にふさわしい新たな香りをつくってほしい、とのオーダーをいただきました。企業としての目標や思いは、1年目も2年目も共通するところはありますが、創業時にお客様がはじめて宿泊されたときから1年経てば、ホテルの役割もさらに成長していくものです。それを表現する方法として、視覚だけではなく、嗅覚からも満たされるよう、香りを使うということもできます。

このように、企業の「香り」に対する考え方は、どんどん変化しています。日用品については、シャンプー、ハンドソープ、ハンドクリーム、洗剤、化粧品、もちろん柔軟剤の香りはさらに進化していくと思います。香りをデザインする仕事も、これまで以上に増えていくはずです。

今、香りを使って企業理念や、製品コンセプトを伝えるというステージが広がってきたところです。香りの仕事をしている私たちにとっても、これまでのアロマの使い方、考え方だけではない可能性が広がってきました。ファッションが場所や場面を選ぶように、香りがクライアントの世界を表現する大切な役目を担い始めました。

だからこそ、香りをつくる私たちデザイナー側も、アロマセラピーだけではない部分を勉強する必要があります。

とはいえ、さまざまな技術や知見が増えたとしても、結局のところ「人間の情動」を司る器官は、嗅覚である部分がとても大きいのです。直感的に、しかも一瞬で、「好き、嫌い」という評価を下す場所ですから、香りに対する経験値が増すほどに、香りに対する評価や表現も明確になってくるのではないでしょうか。

蒸留所や農家との連携

こうして、さまざまな場所で目的を持った香りの使い方が広がってくると、単に販売されている精油をブレンドするだけでなく、生産者にもこだわりを持つ人たちが増えてくることでしょう。実際、精油というと少し前は輸入品が一般的でしたが、現在、日本の精油が注目されています。ヒノキ、ユズ、クロモジ、ホウショウ、などの精油の蒸留は全国各地で増えています。

その流れと相まって、TOMOKO SAITO aromatiqueでも和精油の販売をスタートいたしましたが、これも各地の蒸留所と直接お話をさせていただき、アロマ調香でぜひ使いたい、というものをセレクトしています。石川県にあるEarthRingさんも、その中の蒸留所のひとつです。

こちらは、クロモジやヒバ、ニオイコブシなど、さまざまな森の木の香りを抽出されています。4月の雪解けの後、霊峰白山の水を使った蒸留が始まります。7月頃、私は受講生たちと蒸留ツアーとして、現地に伺うのですが、ただ蒸留所を見学するのではなく、森に入ってクロモジの生育場所を見学し、木を手に取ることもさせていただき、森の実状や、林業の話をしていただきますが、とても深く考えさせられるところがあります。

クロモジは15キロの原料から約50㎖の精油が抽出できます。とても貴重な精油です。実はここで、当協会専用に、特別に次のような作業をしていただいています。

①材料の選定
②材料を独自の配合率で蒸留を行う
③蒸留した精油から、ブレンドに最適な香りをセレクト

このようにして抽出されたこだわりのクロモジ精油は、すばらしい香りです。

また、もともとみかん畑だった小田原市江之浦の地に、現代美術作家・杉本博司氏が設計した壮大なランドスケープ「小田原文化財団 江之浦測候所」。その山を柑橘山と名づけ、持続可能な植物と人間の共生関係を維持するべく、耕作放棄地の再生を目指し、柑橘類の無農薬栽培などを行っている農業法人「植物と人間」があります。その活動に共感し、先日は江之浦測候所の待合棟でのアロマ空間演出を行いました。さらに、「江之浦柑橘山市庭」という屋外の市で、江之浦グリーンレモンの蒸留を行い、グリーンレモンハーブウォーターを使ったアロマミストも販売しました。今後も小田原の地域の活性化や山に植えられている20種類もの柑橘の可能性を、今後一緒に模索していく予定です。

富士山の自然を守る活動をしているＮＧＯオイスカさんにも、富士山の麓に広がるシラビソ（マツ科）の活用についてご協力させていただいています。

このようなサスティナブルな循環は、香りに関わる者として、またライフワークとして大切にしています。国土の７割近くが森林である日本。ここに生きている私たちができることをもっと知っていきたいと思っています。そして、林業→蒸留→精油→活用(ブレンド)という流れが、認知され、活用されるようお手伝いしていきたいと思います。

新しいアロマの提案

最近はパーソナライズという個人にフィットしたものが人気ですが、アロマ調香デザインは、まさに自分の好きな香りをつくったり、誰かにプレゼントしたりして、オリジナリティを提供することができます。

この体験をアロマ好きな方だけではなくアロマに詳しくない方にも手軽に触れて楽しんでいただける場所があればもっとアロマも広まるのではないかという思いから、「アロマ調香lab.」という取り組みを開始しました。さっそくメディアの取材を受けたり、大手企業からのセミナーの依頼があったりと、多くの人が香りに対して興味を抱いていることを、改めて実感しました。

アロマ調香Lab.とは、香りの「3rd place」をテーマとしています。アロマを使う自宅が「1st place」、講座や専門店が香りに触れる「2nd place」と考えます。これらに加えて、人とのコミュニケーションや心地よさ、遊び心を備えた第3の場所として、香りの「3rd place」を目指したものです。興味のある方はどなたでも立ち寄れ、短い時間で本格的な調香体験ができます。香りのレシピは、私がこれまでにつくってきた6000のレシピから厳選しました。

2019年11月現在、仙台、埼玉、東京、千葉、神奈川、石川、岐阜、静岡、大阪、京都、

広島、HAWAII、上海で体験できますが、今後さらに増えていく予定です。

若い頃は香水も使い慣れずに、ついつけすぎてしまったり、食事の場所に強い香りをつけてしまったりした経験などもあるかもしれません。そういったことも含めて、香りの使い方が上達すればするほど、香りが持つ力をうまく使い、自分らしい香りの使い方がわかってくるのだと思います。

私は、言葉もファッションも香りもすべて「コミュニケーションのひとつ」だと思っています。特にこれまでは、香りは自分が好きなように使う、というものが主流であったかもしれませんが、これからは「誰かのために」というように、自分だけではなく、まわりの人に対する感性も養う必要があります。

もちろん職業や立場によっては、あえて人と違うことをする必要がある場合もあると思いますが、それも目的があっての香りの使い方であると思います。

私がアロマに触れてから25年、毎日向き合ってきた「香り」の中で、ひとつというとすれば、それは「本物の香りは、人を動かす」というものです。

香りはさまざまありますが、アロマ、精油がほかの香りと何が違うかというと、植物から抽出した本物の精油だけを使うということ。そしてそれを使って、香りを組み合わせ、「いい匂い」をつくること。それが人の心に触れ、気持ちを変えたり、身体の調子を整えていったりすることができるのです。

私は、講座の最初の授業では、次のようなお話をさせていただいています。

「アロマセラピーは『香りを使った療法』です。

精油にたくさん触れ、嗅ぎ分け、特性を知って使いこなせるのが、アロマ調香デザイナーやアロマセラピストであると思います。そして、またそうあってほしいと思います」

私たち人間には、探究心、研究心があります。よりよいものや本物を感じ、識別する力があります。私が天然精油のブレンドで行き着いた「アロマ調香デザイン」というひとつの形、それが全国のアロマ調香デザイナーの誕生につながって、その資格を活かし、各地で「いい香り」生まれ、香りのあるよりよい社会になっていくことを願っています。

私の香りづくりの原点は、

オレンジスィート

ラベンダー

サンダルウッド

この3種類の組み合わせでした。

これを読んではじめてアロマブレンドしてみようと思う方がいらっしゃったら、お手持ちの精油をまず組み合わせてみるところから始めてみてください。難しいことはありません。2種類、3種類のブレンドで構いません。

精油を組み合わせることで、香りの奥行き、芳醇さ、そしてブレンドの楽しさを少しでも感じていただけたらうれしいです。

これから一緒に、香りをつくる仲間が増えていくことを願っています。

おわりに

これからのアロマの可能性に向かって

ＢＡＢジャパン様より書籍執筆のお話をいただいたときには、うれしさの反面、私に本が書けるだろうか、アロマ業界には30年40年に渡り、長年アロマに関わっている先生たちがおられる中で、私の話がお役に立つのか、書籍になるのだろうかと悩んだのも、正直なところでした。

それでも出版社の皆様、アロマ関係者や先輩方から、「これまでにないアロマ調香の方法や、個人からスタートして、今ではさまざまな企業との仕事や国内外でのアロマ空間演出まで広げていること、そのノウハウや、想いを伝えるために本を出すことは、今のアロマ業界にとってとても役に立つのではないか」という言葉をいただき、それならば、と書き始めました。

この本を執筆にするにあたり、多くの友人に、自身の経験も交えた的確なアドバイスをいただきました。

また本書での事例として、掲載を快く許可してくださいました、多くの企業様、またサロン、医療関係の皆様へ心より感謝申し上げます。

脱稿期日が大幅に伸びてしまったにもかかわらず辛抱強く見守り、校了まで導いてくださった編集担当の福元美月氏、執筆のための資料集めなどでご協力をいただいた小山信和氏、関根加奈氏にも心より感謝申し上げます。

そして、この本を読んでくださって、アロマ調香に興味を持ってくださった皆様、ぜひ一度アトリエやアロマ調香Lab.に、足をお運びください。

香りの世界をぜひ一緒に楽しみましょう。

齋藤智子

2019年11月吉日

付録
精油のプロフィール

精油を嗅いで、印象や色のイメージ、どんなときに使いたいか、自分の言葉で表現し、香りを伝えます。あなた自身の香りの印象を、精油のプロフィールとして書き込みましょう。「硬・軟」は、香りから感じるかたさをいいます。たとえば、ヒノキ、ジュニパーはかたい（硬)、オレンジスイート、ジャスミンはやわらかい（軟)、となります。

イランイラン

学名：*Cananga odorata*	キーワード、イメージ、香りの印象
科名：バンレイシ科	
抽出部位：花	
抽出方法：水蒸気蒸留法	
ノート：ミドルベース	
原産地：コモロ、フィリピン、インドネシア　他	
主な成分：ゲルマクレンＤ　β - カリオフィレン　α - ファルネセン	
フローラルでエキゾチックな、甘く重い香り。ジャスミンにも似た強い芳香を放ちます。ストレス解消やムードづくりに最適。	硬　軟
	カラー
主な作用：鎮静・抗うつ・抗不安・高揚・催淫・血圧降下・鎮静	

オレンジスイート

学名：*Citrus sinensis*	キーワード、イメージ、香りの印象
科名：ミカン科	
抽出部位：果皮	
抽出方法：圧搾法	
ノート：トップ	
原産地：ブラジル、イタリア、スペイン、アメリカ他	
主な成分：d- リモネン、ミルセン、α - ピネン	
柑橘系のリフレッシュする香り。心を明るく元気にしてくれます。誰にでも好まれる優しい香り。	硬　軟
	カラー
主な作用：鎮静・抗うつ・抗不安・高揚・鎮静・食欲増進・神経強壮	

カモミール・ローマン	
学名：*Anthemis nobilis*	キーワード、イメージ、香りの印象
科名：キク科	
抽出部位：花	
抽出方法：水蒸気蒸留法	
ノート：ミドルベース	
原産地：イギリス、ドイツ、フランス、モロッコ　他	
主な成分：アンゲリカ酸イソブチル、アンゲリカ酸イソアミル	
甘いリンゴを思わせるような優しい香りは、不安な気持ちを優しくいわたってくれます。ハーブティーも人気	硬　軟
	カラー
主な作用：鎮静・血圧降下・消化促進	

グレープフルーツ	
学名：*Citrus paradisi*	キーワード、イメージ、香りの印象
科名：ミカン科	
抽出部位：果皮	
抽出方法：圧搾法	
ノート：トップ	
原産地：アルゼンチン、イスラエル、ブラジル　他	
主な成分：d-リモネン、ミルセン、α-ピネン	
甘くほんのりとした苦味とフレッシュ感のある香り。気持ちを明るくしてくれ、デトックス効果も期待できる。	硬　軟
	カラー
主な作用：抗うつ・高揚・血圧降下・抗菌・抗ウィルス	

サイプレス

学名：*Cupressus sempervirens*	キーワード、イメージ、香りの印象
科名：ヒノキ科	
抽出部位：葉・球果	
抽出方法：水蒸気蒸留法	
ノート：ミドル	
原産地：フランス、オーストリア、スペイン他	
主な成分：α-ピネン、δ-3-カレン、リモネン	
森林浴を思わせるクリアでスッキリとした香り。イライラを鎮め、気持ちを穏やかにしてくれます。和名は糸杉（いとすぎ）。	硬　軟
	カラー
主な作用：鎮静・鎮咳・抗菌・ホルモン調整	

サンダルウッド

学名：*Santalum album*	キーワード、イメージ、香りの印象
科名：ビャクダン科	
抽出部位：心材	
抽出方法：水蒸気蒸留法	
ノート：ベース	
原産地：インド、オーストラリア、インドネシア他	
主な成分：α-サンタロール　β-サンタロール	
ウッディーでエキゾチックな香り。不安を拭い去り、心を落ち着けてくれる。お香や建材など、日本人には馴染み深い香り。	硬　軟
	カラー
主な作用：鎮静・鎮咳・抗菌・強心・神経強壮	

<table>
<tr><th colspan="2">シダーウッド（アトラス）</th></tr>
<tr><td>学名：Cedrus atlantica</td><td rowspan="7">キーワード、イメージ、香りの印象</td></tr>
<tr><td>科名：マツ科</td></tr>
<tr><td>抽出部位：木部</td></tr>
<tr><td>抽出方法：水蒸気蒸留法</td></tr>
<tr><td>ノート：ベース</td></tr>
<tr><td>原産地：モロッコ、北アメリカ他</td></tr>
<tr><td>主な成分：β - ヒマカレン、α - ヒマカレン、γ - ヒマカレン</td></tr>
<tr><td rowspan="2">甘く趣のあるウッディー調の香り。
気分を落ち着かせてくれます。他にもバージニア種、ヒマラヤ種があります。</td><td>硬　軟</td></tr>
<tr><td rowspan="2">カラー</td></tr>
<tr><td>主な作用：鎮静・抗菌・抗真菌・神経強壮</td></tr>
</table>

<table>
<tr><th colspan="2">ジャスミン</th></tr>
<tr><td>学名：Jasminum officinale、Jasminum grandiflorum</td><td rowspan="7">キーワード、イメージ、香りの印象</td></tr>
<tr><td>科名：モクセイ科</td></tr>
<tr><td>抽出部位：花</td></tr>
<tr><td>抽出方法：溶剤抽出法</td></tr>
<tr><td>ノート：ミドルベース</td></tr>
<tr><td>原産地：フランス、エジプト、モロッコ他</td></tr>
<tr><td>主な成分：酢酸ベンジル、安息香酸ベンジル</td></tr>
<tr><td rowspan="2">甘美でエキゾチックな花の香り。不安や興奮を沈め心を高揚させる。「花の精油の王」とも呼ばれるゴージャスな香り。</td><td>硬　軟</td></tr>
<tr><td rowspan="2">カラー</td></tr>
<tr><td>主な作用：鎮静・抗うつ・高揚・神経強壮・催淫</td></tr>
</table>

ジュニパーベリー	
学名：*Juniperus communis*	キーワード、イメージ、香りの印象
科名：ヒノキ科	
抽出部位：果実	
抽出方法：水蒸気蒸留法	
ノート：ミドル	
原産地：フランス、クロアチア、ハンガリー　他	
主な成分：α - ピネン、サビネン、β - ミルセン	
クッキリとした、リフレッシュさせる香り。 心身を温め程よい刺激を与える精油。お酒のジンの香りとしても有名。	硬　軟
	カラー
主な作用：抗菌・抗ウィルス・自律神経調整・神経強壮	

ジンジャー	
学名：*Zingiber officinale*	キーワード、イメージ、香りの印象
科名：ショウガ科	
抽出部位：根茎	
抽出方法：水蒸気蒸留法	
ノート：トップ	
原産地：中国、アフリカ、西インド諸島他	
主な成分：ジンジベレン、α - クルクメン	
スパイシーであたたかく、甘く刺激的な香り。 心身を心地よく温めてくれます。皮膚刺激には注意。	硬　軟
	カラー
主な作用：抗菌・催淫・神経強壮・消化促進	

<table>
<tr><th colspan="2">スイートマジョラム</th></tr>
<tr><td>学名：Origanum majorana</td><td rowspan="7">キーワード、イメージ、香りの印象</td></tr>
<tr><td>科名：シソ科</td></tr>
<tr><td>抽出部位：花の咲いた全草</td></tr>
<tr><td>抽出方法：水蒸気蒸留法</td></tr>
<tr><td>ノート：ミドル</td></tr>
<tr><td>原産地：フランス、エジプト、スペイン他</td></tr>
<tr><td>主な成分：テルピネン -4- オール、γ - テルピネン、サビネン</td></tr>
<tr><td rowspan="2">あたたかみのある、かるくスパイシーな香り。ストレスを和らげ、気持ちを穏やかにしてくれます。</td><td>硬　軟</td></tr>
<tr><td rowspan="2">カラー</td></tr>
<tr><td>主な作用：鎮静・抗菌・抗ウィルス・抗真菌・血流促進</td></tr>
</table>

<table>
<tr><th colspan="2">ブラックスプルース</th></tr>
<tr><td>学名：Picea mariana</td><td rowspan="7">キーワード、イメージ、香りの印象</td></tr>
<tr><td>科名：マツ科</td></tr>
<tr><td>抽出部位：針葉</td></tr>
<tr><td>抽出方法：水蒸気蒸留法</td></tr>
<tr><td>ノート：ミドル</td></tr>
<tr><td>原産地：カナダ他</td></tr>
<tr><td>主な成分：酢酸ボルニル、α - ピネン、δ -3- カレン</td></tr>
<tr><td rowspan="2">リフレッシュさせてくれる、深みのある森林浴の香り。ストレスを取り除き、心のバランスをとると言われている。</td><td>硬　軟</td></tr>
<tr><td rowspan="2">カラー</td></tr>
<tr><td>主な作用：鎮静・鎮咳・抗菌・神経強壮・免疫調整</td></tr>
</table>

ゼラニウム	
学名：*Pelargonium graveolens*	キーワード、イメージ、香りの印象
科名：フウロウソウ科	
抽出部位：葉	
抽出方法：水蒸気蒸留法	
ノート：ミドルベース	
原産地：フランス、中国、エジプト　他	
主な成分：α - ピネン、サビネン、β - ミルセン	
ローズにも似たグリーン調でハーバルな甘い香り。こころのバランスを整えてくれます。	硬　軟
	カラー
主な作用：鎮静・抗うつ・抗不安・自律神経調整	

タイム（リナロール）	
学名：*Thymus vulgaris ct linalool*	キーワード、イメージ、香りの印象
科名：シソ科	
抽出部位：花の付いた全葉	
抽出方法：水蒸気蒸留法	
ノート：ミドル	
原産地：スペイン、フランス、アルジェルア　他	
主な成分：リナロール、酢酸リナリル、テルピネン -4- オール	
甘さと鋭さをあわせもったハーブ調の香り。 感染症の予防や免疫強化に役立つ。いくつかのケモタイプが存在する。	硬　軟
	カラー
主な作用：鎮静・鎮咳・神経強壮・抗菌・抗ウィルス	

ティートリー

学名：*Melaleuca alternifolia*	キーワード、イメージ、香りの印象
科名：フトモモ科	
抽出部位：葉	
抽出方法：水蒸気蒸留法	
ノート：トップミドル	
原産地：オーストラリア　他	
主な成分：テルピネン-4-オール、γ-テルピネン、α-テルピネン	
フレッシュで清潔な感じの、やや鋭い香り。 オーストラリアの原住民が大切にしてきた植物で感染予防に優れている。	硬　軟
	カラー
主な作用：抗菌・抗ウィルス・抗真菌・免疫強化・頭脳明晰	

ネロリ

学名：*Citrus aurantium*	キーワード、イメージ、香りの印象
科名：ミカン科	
抽出部位：花	
抽出方法：水蒸気蒸留法	
ノート：ミドルベース	
原産地：チュニジア、フランス、エジプト　他	
主な成分：リナロール、酢酸リナリル、リモネン	
華やかさと苦さをあわせもつ優美なフローラルな香り。ビターオレンジの花から抽出される貴重な精油。不安や悲しみに沈んだ心をいたわってくれる。	硬　軟
	カラー
主な作用：鎮静・抗うつ・抗不安・抗菌・神経強壮	

<table>
<tr><th colspan="2">パイン</th></tr>
<tr><td>学名：Pinus sylvestris</td><td rowspan="7">キーワード、イメージ、香りの印象</td></tr>
<tr><td>科名：マツ科</td></tr>
<tr><td>抽出部位：針葉</td></tr>
<tr><td>抽出方法：水蒸気蒸留法</td></tr>
<tr><td>ノート：ミドル</td></tr>
<tr><td>原産地：シベリア、スコットランド、北アメリカ　他</td></tr>
<tr><td>主な成分：α-ピネン、β－ピネン、δ-3－カレン</td></tr>
<tr><td rowspan="2">フレッシュで清潔な感じの、やや鋭い香り。
気管支炎や喘息などの呼吸器系の不調に有効。
また疲労回復にも。</td><td>硬　軟</td></tr>
<tr><td rowspan="2">カラー</td></tr>
<tr><td>主な作用：鎮咳・抗菌・神経強壮</td></tr>
</table>

<table>
<tr><th colspan="2">パチュリ</th></tr>
<tr><td>学名：Pogostemon cablin</td><td rowspan="7">キーワード、イメージ、香りの印象</td></tr>
<tr><td>科名：シソ科</td></tr>
<tr><td>抽出部位：葉</td></tr>
<tr><td>抽出方法：水蒸気蒸留法</td></tr>
<tr><td>ノート：ベース</td></tr>
<tr><td>原産地：マレーシア、インドネシア、インド　他</td></tr>
<tr><td>主な成分：パチュロール、α-ブルネセン、β-ブルネセン</td></tr>
<tr><td rowspan="2">スモーキーでオリエンタルな香り。心と身体のバランスをとり、気持ちを穏やかにしてくれる。また他の精油に加えると、香りを長持ちさせられる。</td><td>硬　軟</td></tr>
<tr><td rowspan="2">カラー</td></tr>
<tr><td>主な作用：鎮静・抗菌・静脈強壮・昆虫忌避</td></tr>
</table>

パルマローザ

学名：*Cymbopogon martini*	キーワード、イメージ、香りの印象
科名：イネ科	
抽出部位：葉	
抽出方法：水蒸気蒸留法	
ノート：ミドル	
原産地：インド、マダガスカル、ジャワ　他	
主な成分：ゲラニオール、酢酸ゲラニル、リナロール	
ローズのような甘美で穏やかな香り。 不安や興奮を落ち着かせ調整する作用と、気分を明るく高揚感をもたらす両方の働きがある。	硬　軟
	カラー
主な作用：鎮静・抗うつ・抗不安・抗菌・抗真菌・神経強壮	

プチグレン

学名：*Citrus aurantium*	キーワード、イメージ、香りの印象
科名：ミカン科	
抽出部位：葉	
抽出方法：水蒸気蒸留法	
ノート：ミドル	
原産地：イタリア、スペイン、パラグアイ　他	
主な成分：酢酸リナリル、リナロール、リモネン	
ウッディーかつフローラルな香り。不安や緊張を沈め鎮め、気持ちを穏やかにしてくれます。男性にも好まれる香り。	硬　軟
	カラー
主な作用：鎮静・抗うつ・抗不安・抗菌・血圧降下・神経強壮	

<table>
<tr><th colspan="2">フランキンセンス</th></tr>
<tr><td>学名：Boswellia carterii</td><td rowspan="7">キーワード、イメージ、香りの印象</td></tr>
<tr><td>科名：カンラン科</td></tr>
<tr><td>抽出部位：樹脂</td></tr>
<tr><td>抽出方法：水蒸気蒸留法</td></tr>
<tr><td>ノート：ミドルベース</td></tr>
<tr><td>原産地：ソマリア、エチオピア、オマーン　他</td></tr>
<tr><td>主な成分：α - ピネン、リモネン、β - カリオフィレン</td></tr>
<tr><td rowspan="2">穏やかな甘さとウッディーで少しスパイシーな芯のある香り。悲しい心や不安な気持ちを和らげてくれ、免疫力の刺激にも。</td><td>硬　軟</td></tr>
<tr><td rowspan="2">カラー</td></tr>
<tr><td>主な作用：鎮静・抗うつ・抗菌・抗真菌・免疫強化</td></tr>
</table>

<table>
<tr><th colspan="2">ベチバー</th></tr>
<tr><td>学名：Vetiveria zizanioides</td><td rowspan="7">キーワード、イメージ、香りの印象</td></tr>
<tr><td>科名：イネ科</td></tr>
<tr><td>抽出部位：根</td></tr>
<tr><td>抽出方法：水蒸気蒸留法</td></tr>
<tr><td>ノート：ベース</td></tr>
<tr><td>原産地：インド、インドネシア、中国　他</td></tr>
<tr><td>主な成分：ベチベロール、ベチベノン、クロベチベノール</td></tr>
<tr><td rowspan="2">スモーキーで深みのある重厚な香り。「静寂の精油」の名のとおり、リラックスに最適。また他の精油に加えると、香りを長持ちさせられる。</td><td>硬　軟</td></tr>
<tr><td rowspan="2">カラー</td></tr>
<tr><td>主な作用：鎮静・抗うつ・抗菌・抗ウィルス・免疫強化</td></tr>
</table>

ペパーミント	
学名：*Mentha piperita*	キーワード、イメージ、香りの印象
科名：シソ科	
抽出部位：葉	
抽出方法：水蒸気蒸留法	
ノート：トップ	
原産地：イギリス、フランス、アメリカ　他	
主な成分：メントール、メントン、酢酸メンチル	
ピリッとした鋭い清涼感と甘みのある香り。爽やかな香りが高ぶった心をクールダウンし、スッキリと頭をクリアに。	硬　軟
	カラー
主な作用：抗菌・抗ウィルス・抗真菌・神経強壮・頭脳明晰	

ベルガモット	
学名：*Citrus bergamia*	キーワード、イメージ、香りの印象
科名：ミカン科	
抽出部位：果皮	
抽出方法：圧搾法	
ノート：トップ	
原産地：イタリア、南フランス　他	
主な成分：リモネン、酢酸リナリル、リナロール	
オレンジにも似た甘さのある爽やかな香り。アールグレイティーの香りづけでも有名。リラックスとリフレッシュの効果を持っています。	硬　軟
	カラー
主な作用：鎮静・抗菌・抗うつ・抗ウィルス・高揚	

ベンゾイン（安息香）	
学名：*Styrax benzoin*	キーワード、イメージ、香りの印象
科名：エゴノキ科	
抽出部位：樹脂	
抽出方法：溶剤抽出法	
ノート：ベース	
原産地：タイ、インドネシア、ラオス　他	
主な成分：安息香酸、ケイ皮酸	
バニラにも似た、穏やかな甘い香り。 イライラを鎮め、こころに安らぎと幸福を与えてくれる。	硬　軟
	カラー
主な作用：鎮静・抗菌・催淫・高揚	

マンダリン	
学名：*Origanum majorana*	キーワード、イメージ、香りの印象
科名：ミカン科	
抽出部位：果皮	
抽出方法：圧搾法	
ノート：トップ	
原産地：イタリア、スペイン、中国他	
主な成分：d-リモネン、γ-テルピネン、α-ピネン	
みずみずしく甘みのある香り。気分が落ち込んだときに元気づけてくれる。収穫された時期によりレッドとグリーンに分かれる。	硬　軟
	カラー
主な作用：鎮静・抗うつ・抗不安・自律神経調整・消化促進	

ミルラ（没薬）

<table>
<tr><td>学名：Commiphora molmol</td><td rowspan="7">キーワード、イメージ、香りの印象</td></tr>
<tr><td>科名：カンラン科</td></tr>
<tr><td>抽出部位：樹脂</td></tr>
<tr><td>抽出方法：水蒸気蒸留法</td></tr>
<tr><td>ノート：ベース</td></tr>
<tr><td>原産地：ソマリア、エジプト　他</td></tr>
<tr><td>主な成分：フラノオウデスマス 1.3- ジエン、フラノジエン</td></tr>
<tr><td rowspan="2">重く苦みのある麝香《じゃこう》を思わせる香り。
気持ちを明るくし悲しみを和らげる。乳香とともにキリストに捧げられた品としても有名。</td><td>硬　軟</td></tr>
<tr><td rowspan="2">カラー</td></tr>
<tr><td>主な作用：鎮静・抗菌・抗ウィルス・催淫・免疫強化</td></tr>
</table>

メイチャン（リトセア）

<table>
<tr><td>学名：Litsea cubeba</td><td rowspan="7">キーワード、イメージ、香りの印象</td></tr>
<tr><td>科名：クスノキ科</td></tr>
<tr><td>抽出部位：果実</td></tr>
<tr><td>抽出方法：水蒸気蒸留法</td></tr>
<tr><td>ノート：トップミドル</td></tr>
<tr><td>原産地：中国、インドネシア、台湾　他</td></tr>
<tr><td>主な成分：ゲラニアール、ネラール、リモネン</td></tr>
<tr><td rowspan="2">爽やかで甘く濃いレモンのような香り。抗うつ作用があり、心を明るくする。</td><td>硬　軟</td></tr>
<tr><td rowspan="2">カラー</td></tr>
<tr><td>主な作用：鎮静・抗うつ・抗菌・抗真菌・昆虫忌避</td></tr>
</table>

ユーカリグロブルス

学名：*Eucalyptus globulus*	キーワード、イメージ、香りの印象
科名：フトモモ科	
抽出部位：葉	
抽出方法：水蒸気蒸留法	
ノート：トップミドル	
原産地：オーストラリア、ポルトガル、中国　他	
主な成分：1,8- シネオール、α - ピネン、リモネン	
クリアで鋭い、しみとおるような香り。スッキリとした香りが、集中力を高めます。豊富な種類の中で、グロブルス種がもっとも一般的。	硬　軟
	カラー
主な作用：抗菌・抗真菌・鎮咳・免疫強化・頭脳明晰	

ユーカリラディアータ

学名：*Eucalyptus radiata*	キーワード、イメージ、香りの印象
科名：フトモモ科	
抽出部位：葉	
抽出方法：水蒸気蒸留法	
ノート：トップミドル	
原産地：オーストラリア、中国他	
主な成分：1,8- シネオール、α - テルピネオール	
クリアで鋭くスーッとしみとおるような香りで、心身の活力を取り戻してくれる。グロブルス種よりマイルドな印象で成分的にも穏やか。	硬　軟
	カラー
主な作用：抗菌、抗ウィルス・鎮咳・神経強壮・免疫強化	

ラヴィンツァラ

学名：*Cinnamomum camphora*	キーワード、イメージ、香りの印象
科名：クスノキ科	
抽出部位：葉	
抽出方法：水蒸気蒸留法	
ノート：トップミドル	
原産地：マダガスカル	
主な成分：1,8- シネオール、サビネン、リモネン	
ユーカリやローズマリーにも似た爽快な香り。抗ウィルス、免疫強化作用などさまざまな作用に優れ、心と身体のバランスを整える。	硬　軟
	カラー
主な作用：抗菌・抗ウィルス・鎮咳・免疫強化	

ラベンダー

学名：*Lavandula angustifolia*	キーワード、イメージ、香りの印象
科名：シソ科	
抽出部位：花、葉	
抽出方法：水蒸気蒸留法	
ノート：ミドル	
原産地：フランス、ブルガリア、オーストラリア　他	
主な成分：リナロール、酢酸リナリル、酢酸ラバンジュリル	
酸味と甘みのあるフローラルな香り。鎮静作用に優れたアロマテラピーの代表的精油。緊張やストレスを和らげ、気持ちを穏やかにします。	硬　軟
	カラー
主な作用：鎮静・抗菌・抗真菌・血圧降下・自律神経調整	

レモン

学名：*Citrus limon*	キーワード、イメージ、香りの印象
科名：ミカン科	
抽出部位：果皮	
抽出方法：圧搾法	
ノート：トップ	
原産地：イタリア、イスラエル、アルゼンチン　他	
主な成分：d- リモネン、β - ピネン、γ - テルピネン	
親しみやすくフレッシュで爽やかな、酸味のある香り。気分をクリアにリフレッシュさせてくれる。空気清浄にも。	硬　軟
	カラー
主な作用：抗菌・抗ウィルス・殺菌・免疫強化・食欲増進	

ローズオットー

学名：*Rosa damascena*	キーワード、イメージ、香りの印象
科名：バラ科	
抽出部位：花	
抽出方法：水蒸気蒸留法	
ノート：ミドルベース	
原産地：ブルガリア、トルコ、モロッコ　他	
主な成分：シトロネロール、ゲラニオール、ネロール	
気品あふれるエレガントな花の香り。ストレスや緊張で疲れた心をいたわり、幸多感をもたらす。「香りの女王」の異名を持つ、非常に貴重な精油	硬　軟
	カラー
主な作用：鎮静・抗うつ・抗菌・高揚・ホルモン調整	

付録

ローズマリー 1.8 シネオール

学名：*Rosmarinus officinalis ct 1.8 cineole*	キーワード、イメージ、香りの印象
科名：シソ科	
抽出部位：葉	
抽出方法：水蒸気蒸留法	
ノート：トップミドル	
原産地：モロッコ、チュニジア、フランス　他	
主な成分：1,8- シネオール、α - ピネン、カンファー	
爽やかで苦みのあるリフレッシュできる香り。心身に活力を与え、気分転換がしやすくなる。集中力アップにも。	硬　軟
	カラー
主な作用：抗菌・抗ウィルス・頭脳明晰・神経強壮	

クロモジ

和精油

学名：*Lindera umbellata*	キーワード、イメージ、香りの印象
科名：クスノキ科	
抽出部位：枝葉	
抽出方法：水蒸気蒸留法	
ノート：ミドル	
原産地：日本	
主な成分：リナロール、ゲラニオール、カルボン	
奥行きがあり、フローラルな甘さと爽やかさのある穏やかな香り。不安や緊張感を鎮め、心の開放にも有効。	硬　軟
	カラー
主な作用：鎮静・抗不安・抗菌・抗真菌・神経強壮	

ゲットウ	和精油
学名：*Alpinia zerumbet*	キーワード、イメージ、香りの印象
科名：ショウガ科	
抽出部位：葉	
抽出方法：水蒸気蒸留法	
ノート：ミドル	
原産地：日本、インド他	
主な成分：テルピネン-4-オール、1.8シネオール、ボルネオール	
ユーカリに似た清涼感と甘み、スパイシーさのある香り。不安やストレスを和らげリラックス、またリフレッシュにつながる。	硬　軟
	カラー
主な作用：鎮静・抗不安・抗菌・抗真菌・昆虫忌避	

ハッカ	和精油
学名：*Mentha arvensis*	キーワード、イメージ、香りの印象
科名：シソ科	
抽出部位：葉	
抽出方法：水蒸気蒸留法	
ノート：トップ	
原産地：日本	
主な成分：メントール、メントン、イソメントン	
スッキリとしながらも、甘く穏やかな香り。懐かしい感じも。気持ちを切り替えたいときや、落ち着きたいときに。	硬　軟
	カラー
主な作用：鎮静・抗菌・抗真菌・中枢神経刺激	

ヒノキ	和精油
学名：*Chamaecyparis obtuse*	キーワード、イメージ、香りの印象
科名：ヒノキ科	
抽出部位：木部	
抽出方法：水蒸気蒸留法	
ノート：ミドル	
原産地：日本	
主な成分：α-ピネン、δ-カジネン、γ-カジネン	
懐かしさや新築の家の空気を感じる、落ち着いた香り。リラックスとリフレッシュ作用の両方を併せ持つ。	硬　軟
	カラー
主な作用：鎮静・抗菌・抗真菌・神経強壮	

ホウショウ	和精油
学名：*Cinnamomum camphora(L) Presl var. nominale Hayata*	キーワード、イメージ、香りの印象
科名：クスノキ科	
抽出部位：枝葉	
抽出方法：水蒸気蒸留法	
ノート：ミドル	
原産地：日本	
主な成分：リナロール、1.8 シネオール、カンファー	
爽やかな甘く柔らかい香り。気分が高まっているときに、落ち着きを取り戻してくれる。クスノキの変種。	硬　軟
	カラー
主な作用：鎮静・抗菌・抗真菌・神経強壮・免疫調整	

モミ

和精油

学名：*Abies sachalinensis*	キーワード、イメージ、香りの印象
科名：マツ科	
抽出部位：枝葉	
抽出方法：水蒸気蒸留法	
ノート：ミドル	
原産地：日本	
主な成分：α-ピネン、β-フェランドレン、カンフェン	
柑橘を思わせる清涼感のある森の香り。イライラしたり神経が高ぶっているときに、心を癒しリラックスさせる。	硬　軟
	カラー
主な作用：鎮静・抗菌・免疫強化	

ユズ

和精油

学名：*Citrus junos*	キーワード、イメージ、香りの印象
科名：ミカン科	
抽出部位：果皮	
抽出方法：圧搾法	
ノート：トップ	
原産地：日本	
主な成分：リモネン、γ-テルピネン、β-フェランドレン	
日本人に馴染み深い、安心感のある爽やかな柑橘の香り。不安や緊張で眠れないときなど心を温めてくれる。	硬　軟
	カラー
主な作用：鎮静・抗不安・抗うつ・抗菌・神経強壮	

参考文献

『香の文化史』松原睦著（雄山閣）

『香料文化誌』C・J・Sトンプソン著／駒崎雄司訳（八坂書房）

『日本の香り』松栄堂監修／コロナブックス編集部編（平凡社）

『アロマセラピーサイエンス』マリア・リス・バルチン著
田邉和子・松村康生監訳（フレグランスジャーナル社）

『におい　かおり』堀内哲嗣郎著（フレグランスジャーナル社）

『アロマセラピー標準テキスト基礎編』日本アロマセラピー学会編（丸善）

『アロマセラピー標準テキスト臨床編』日本アロマセラピー学会編（丸善）

『Essential Oils aromakuukann』SUSAN CURTIS著（AURUM）

『アロマセラピーパーフェクトBOOK』アネルズあづさ著（ナツメ社）

『アロマテラピーの教科書』和田文緒著（新星出版社）

『アロマティック・アルケミー』バーグ文子著（フレグランスジャーナル社）

『フレグランス――香りのデザイン』広山均著（フレグランスジャーナル社）

『アロマ空間デザイン検定公式テキスト』
アットアロマ株式会社監（日経BPコンサルティング）

『ケモタイプ精油辞典』　ナード・ジャパン

『ハーブ学名語源辞典』大槻真一郎・尾崎由紀子著（東京堂出版）

『史上最強カラー図解　色彩心理のすべてがわかる本』山脇恵子著（ナツメ社）

齋藤智子（さいとう ともこ）

アロマ調香デザイナー。一般社団法人プラスアロマ協会代表理事。TOMOKO SAITO aromatique 主宰。京都で 10 代続く家に生まれ、幼いころより伝統的な香りや文化に親しむ。学生時代に精油と出会って衝撃を受け、香りを仕事にしたいと思うようになり、アロマのさまざまなライセンスを取得。香りのセレクト、ブレンドのセンスのよさからパーソナルアロマブレンドの依頼が増え、アロマ調香の仕事を専門にするようになる。13 年以上の実績をもとに「本物の薫りは人を動かす」をテーマに、アロマ調香と空間演出を中心とした「アロマ調香デザイン学」を確立。受講生は2000 名を超え、アロマ調香デザイナーの育成、輩出に注力する。制作した香りは 6000 以上にのぼり、ホテルや企業、美術館、コンサート等での香りのプロデュースを行い、高評価を得る。TV、雑誌等メディア掲載多数。

受賞歴

・Milano design award ミラノサローネ 2017,2018(Panasonic Design)

・（公社）AEAJ イメージフレグランスコンテスト入賞

TOMOKO SAITO aromatiqueHP　https://saitotomoko.com

一般社団法人プラスアロマ協会 HP　https://www.iapa.or.jp

アロマ調香デザインの教科書

個人サロンから大ホールまで、人を動かす香りの空間演出

2019 年 12 月 6 日　初版第 1 刷発行

2023 年 1 月 25 日　初版第 2 刷発行

著　者　齋藤智子

発行者　東口敏郎

発行所　株式会社 BAB ジャパン

〒 151-0073 東京都渋谷区笹塚 1-30-11　4・5F

TEL　03-3469-0135　　FAX　03-3469-0162

URL　http://www.bab.co.jp/

E-mail　shop@bab.co.jp

郵便振替　00140-7-116767

印刷・製本　中央精版印刷株式会社

ISBN978-4-8142-0249-2 C2077

Design　Kaori Ishii

BOOK Collection

『アート』と『サイエンス』の両面から深く学び理解する

香りの「精油事典」

精油を擬人化したストーリーで紹介し直感的に理解できることで、
精油の化学がより理解しやすくなります。

さらに、各精油ごとに現場で実践できる「身体的アプローチ」をイラストで掲載しております。

世界で最高峰と言われるIFA資格取得必須の55精油を徹底的に解説します。

カウンセリングや施術方法、セルフケアなど、すぐに実践できる情報も満載です。

●太田奈月 著　●A5判　●242頁　●本体2,100円+税

現場で実践されている、心と身体のアロマケア

介護に役立つアロマセラピーの教科書

クライアントの好みや症状、ケア現場に合ったアロマの選び方、ブレンド方法を、多様なニーズに合わせて選択できるようになり、ケア現場で使えるアロマの知識が身に付きます。

ケース・症状別のアロマブレンドレシピも多数掲載、ケア現場（医療、介護福祉施設、ホスピス、高齢者施設、ホームケア等）でのアロマケアをすべて網羅しています。

●櫻井かづみ 著　●A5判　●280頁　●本体1,800円+税

アロマからのメッセージで自分を知り、個性や才能が目覚める!

人生を変える!奇跡のアロマ教室

精油が持っている物語（形、色、成分などからどんなメッセージを発しているか）を紹介。

女性系の不調が改善！夢だった仕事に就けた！本当に自分を理解し大好きになった！

"最初にこのスクールに出会いたかった"と全国から生徒が通うアロマスクールのレッスンを惜しみなく大公開。仕事にも使える深い内容を紹介！

●小林ケイ 著　●四六判　●256頁　●本体1,400円+税

その症状を改善する

アロマとハーブの処方箋

雑誌『セラピスト』で大好評連載、ついに書籍化！

連載で人気を博した、体の不調から美容、子どもと楽しむクラフトなどのレシピに加え、本書ではハーブの薬効を活かしたアルコール漬け、チンキもご紹介！！

精油とハーブの特徴を知りぬいた著者ならではの、ほかでは見られないレシピが満載です。

●川西加恵 著　●A5判　●264頁　●本体1,700円+税

今日からあなたも精油の翻訳家

香りの心理分析　アロマアナリーゼ

「香りの心理分析 アロマアナリーゼ」は、誰でもすぐに実践できてとてもシンプル。
また、「香りの心理分析 アロマアナリーゼ実践法」の他にも、
これまでのアロマの知識や経験がすべて活かされる、「精油の翻訳家」
になるための新しい学習法「精油のプロフィール作り」や集客法も紹介。

●藤原綾子 著　●四六判　●240頁　●本体1,300円+税